Günter Heise

Wetterkunde

Vom Abendrot bis zur Zyklone

Edition Maritim

CIP-Kurztitelaufnahme der Deutschen Bibliothek
Heise, Günter:
Wetterkunde: vom Abendrot bis zur Zyklone/
Günter Heise. – Hamburg: Edition Maritim, 1984.
ISBN 3-922117-52-X

Schwanenwik 27
2000 Hamburg 76

Gestaltung: Jan Buchholz und Reni Hinsch, Hamburg
Satz: Süddeutsche Verlagsanstalt, Ludwigsburg
Lithografie Farbfotos: Krammer Repro, Linz/Donau
Druck und Bindearbeiten: Clausen und Bosse, Leck
Printed in Germany 1984

Einleitung

„Alle reden vom Wetter – wir nicht“ hieß ein Werbeslogan der Deutschen Bundesbahn. Dieser Satz spricht uns direkt an, denn wir alle leben in und mit dem Wetter. In jedem Land, und nicht nur in den sogenannten Kulturstaaten, ist das Wetter ein unerschöpfliches Gesprächsthema. Es dient zur Eröffnung von Gesprächen, denn es ist immer vorhanden, ändert sich und ist außerdem gesellschaftlich und auch politisch neutral.

Wir sind vom Wetter abhängig. Sei es, daß wir einen Ausflug planen, Sport treiben oder unserem Hobby frönen wollen: Bei strömendem Regen macht das Wandern keine rechte Freude, bei Windstille können wir nicht segeln und ohne Thermik nicht lange segelfliegen. In der Landwirtschaft kann bei Regen kaum Korn geerntet werden, bei schwerem Seegang kommt die Schiffahrt, bei Nebel die Luftfahrt, bei Glatteis der Straßenverkehr zum Erliegen, selbst der Schienenverkehr wird bei extremem Wetter behindert und auch die Freizeitindustrie ist auf gutes Wetter angewiesen.

So ist fast jeder am Ablauf des Wetters interessiert, wie es bereits unsere Vorfahren waren. Es wurde schon vor 5000 Jahren im Nisabalied besungen (Nisaba war die babylonische Göttin des Ackerbaus), Hippokrates (460 bis 375 v. Chr.) schrieb eine Abhandlung über die Winde und Aristoteles (384 bis 322 v. Chr.) seine berühmte Meteorologie. Auch im Gesetzbuch der altgermanischen Rüstringer wurde das Wetter erwähnt. Mit Meßgeräten konnte man dem Wetter erst vor ein paar hundert Jahren auf den Leib rücken: Ferdinand II. entwickelte 1641 ein Thermometer und Torricelli 1643 das Barometer. Bald danach begannen regelmäßige Messungen der meteorologischen Elemente. Es existieren Meßreihen, die mehr als 200 Jahre umfassen. Die erste Wetterkarte entstand 1820. Sie ist jedoch mit unseren heutigen Wetterkarten nicht vergleichbar. Ein schwerer Sturm während des Krimkrieges (1853 bis 1856) gab den Anstoß zum internationalen Austausch von Wetterbeobachtungen. Dies wurde möglich, weil schon vorher die Telegraphie erfunden worden war. 1876 wurden in Hamburg in der Deutschen Seewarte die ersten täglichen deutschen Wetterkarten gezeichnet. An Ballons hängende Geräte messen seit 1892 meteorologische Größen oberhalb des Erdbodens, und seit weniger als zwanzig Jahren liefern künstliche Satelliten Bilder der Erde und ihrer Atmosphäre.

Trotz zunehmender Wissenschaft und immer mehr Hilfsmitteln sind die Meteorologen nicht in der Lage, das Wetter für ein größeres Gebiet über einen Zeitraum von mehreren Tagen mit hinreichender Genauig-

keit vorherzusagen. Das liegt einmal daran, daß das Beobachtungsnetz zu große Maschen hat und besonders auf den Ozeanen, die ja 71 % der Erdoberfläche bedecken, zu wenig gemessen wird. Zum anderen sind die physikalischen Gleichungen, die die Wetterabläufe in der Atmosphäre beschreiben, so kompliziert, daß sie nur näherungsweise, nicht aber exakt gelöst werden können. So wird noch lange Zeit die Wettervorhersage eine Prognose bleiben und keine Prophezeiung werden. Früher war die Wettervorhersage so hoch angesehen, daß kurioserweise erst in den sechziger Jahren in England die Todesstrafe für Wetterpropheten aufgehoben wurde.
Besser haben es da die Menschen, die ihren Beruf in der Natur ausüben, wie z. B. Bauern und Seeleute. Sie haben es durch langjährige Beobachtung der Natur gelernt, aus deren Veränderungen auf Wetteränderungen zu schließen, wenn auch nur für einen kurzen Zeitraum und für das Gebiet, in dem sie leben.
Fast täglich werden wir von den Medien auf Naturkatastrophen und besonders Wetterkatastrophen in aller Welt aufmerksam gemacht, seien es Hurrikane in der Karibik, Schneestürme in New York, sintflutartige Regenfälle in Indien oder eine Dürre in Spanien. Man braucht aber gar nicht so weit zu gehen: Die Sturmfluten 1981, 1976 und 1962 an der deutschen Nordseeküste, die Schneekatastrophe in Schleswig-Holstein 1979 und die Überschwemmungen an Rhein und Mosel 1983 sind noch im Gedächtnis. Aber auch schon früher „spielte das Wetter verrückt". In alten Chroniken kann man nachlesen, daß nicht erst seit der Atombombe und der Luftverschmutzung, wie viele glauben, ungewöhnliches Wetter herrscht. Hier einige Beispiele aus Norddeutschland, wobei die großen Sturmfluten, bei denen Tausende von Menschen umkamen, nicht erwähnt sind, sondern nur ungewöhnliche Wettererscheinungen und Witterungsabschnitte:

1287:	Milder Winter, Bäume blühen im Januar
1296:	Sehr strenger Winter, Dänische Sunde zugefroren
1303:	Große Trockenheit, Weser zeitweise ausgetrocknet
1313 bis 1317:	Ungewöhnlich nasse Jahre
1323:	So strenger Frost, daß man über die Ostsee von Lübeck nach Kopenhagen gehen konnte
1397:	Im Mai wird Getreide geerntet
1401:	Vom 23. April bis 17. September fällt täglich Regen
1473:	Von Mitte April bis 8. September kein Tropfen Regen
1680:	Zwischen Bielefeld und Herford fallen Hagelschloßen mit einem Gewicht von 8 Pfund
1739/1740:	Außergewöhnlich strenger Winter von November bis Juni (!)

Dieses Büchlein will kein Lehrbuch der Wetterkunde sein. Seine Aufgabe ist vielmehr, meteorologische Fachausdrücke zu erklären, von denen man täglich hört, und Zusammenhänge des Wetterablaufs darzustellen. Für diesen Zweck ist auch die Form eines Lexikons gewählt worden und nicht die Einteilung nach sachlichen Gesichtspunkten. So soll es allen denen nützlich sein, denen die Fachausdrücke der Meteorologen unverständlich sind, und auch denen, die Erklärungen für eigene Beobachtungen des Wetters, sei es beim Wassersport, im Urlaub oder ganz allgemein für besondere Wettererscheinungen im Alltag suchen.

Abendrot

Durch Streuung des Sonnenlichts an Wasserdampf, Wasser- und Staubteilchen verursachte Färbung der Wolken. An Wassertröpfchen und Staub wird der blaue Anteil des Sonnenlichts stärker gestreut als der rote, so daß dieser übrigbleibt, wenn das Licht bei Sonnenuntergang einen längeren Weg durch die Atmosphäre nimmt. Morgenrot entsteht auf die gleiche Art. Abendrot deutet auf Fortbestand von gutem Wetter hin, Morgenrot auf Wetterverschlechterung.

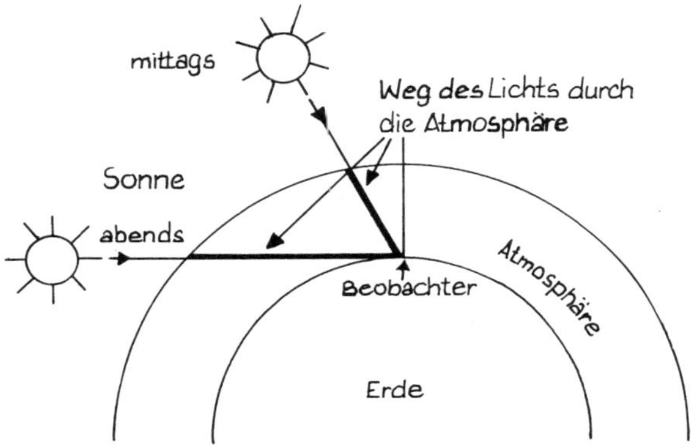

Abendrot durch größere Streuung des Sonnenlichtes wegen dessen längeren Wegs durch die Atmosphäre

Abflauen des Windes

Schwächerwerden des Windes, bei Windstärken kleiner als 6 Beaufort gebraucht. Gegenteil: Auffrischen.

Ablandiger Wind

An der Küste und an Ufern größerer Seen ein Wind, der vom Land zum Wasser weht. Gegenteil: Auflandiger Wind.

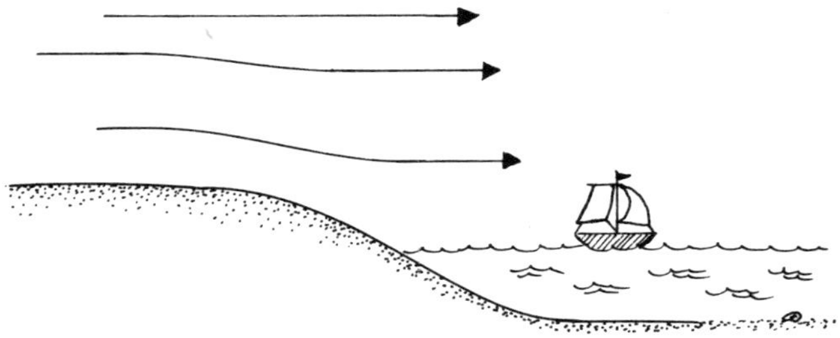

Ablandiger Wind

Ablenkung des Windes

Abweichung der Windrichtung von der direkten Verbindungslinie zwischen Hoch und Tief. Durch die Drehung der Erde wird der Wind – wie jede andere Bewegung auch – auf der Nordhalbkugel nach rechts, auf der Südhalbkugel nach links abgelenkt, so daß er in der freien Atmosphäre parallel zu den Isobaren weht. Am Erdboden wird er durch die Reibung aus dieser Richtung in ein Tief hinein abgelenkt und aus einem Hoch heraus.

Absinken

Nach unten gerichtete Bewegung der Luft entweder senkrecht oder entlang von geneigten Flächen (Abgleiten). Hierbei erwärmt sich die Luft, so daß es zu Wolkenauflösung kommen kann. Es tritt auf in Hochdruckgebieten und im Lee von Gebirgen (→Föhn).

Absolute Feuchtigkeit

→Feuchtigkeit.

Absorption

Aufnahme von Strahlungsenergie und Umwandlung in eine andere Energieform. In der Atmosphäre wird Sonnenstrahlung absorbiert und in Wärme umgewandelt. Der größte Teil der Strahlung wird aber am Erdboden und im Wasser absorbiert.

Abwettern

Einen Sturm oder eine Bö seemännisch durchstehen.

Advektion

Ausbreiten einer Luftmasse, die z. B. trockener, feuchter, kälter oder wärmer sein kann, in horizontaler Richtung aufgrund der Zirkulation in der Atmosphäre.

Aerologie

Lehre von der Erforschung der höheren Luftschichten. Sie ist ein Teilgebiet der Meteorologie. Als Träger von Meßgeräten dienen Flugzeuge, →Ballons und Drachen. Das wichtigste Meßgerät ist die →Radiosonde. Aerologische Aufstiege werden mehrmals täglich, möglichst gleichzeitig mit den Bodenbeobachtungen, unternommen.

Aerosol

Gas mit darin schwebenden kleinsten flüssigen oder festen Teilchen. Die Luft ist wegen ihrer Dunst- und Wolkenteilchen ein Aerosol.

Akklimatisation

Gewöhnung des Körpers an andere Klimabedingungen.

Aktionszentren

Hoch- und Tiefdruckgebiete, die in bestimmten Gebieten häufig entstehen oder in bestimmten Gebieten längere Zeit liegen und für das Wetter bestimmend sind. Für das Wetter in Mitteleuropa sind das →Azorenhoch und das →Islandtief am bekanntesten und wichtigsten.

Albedo

→Reflexionsvermögen.

Altocumulus

„Schäfchenwolken". Mittelhohe Schichtwolke, in Einzelwölkchen strukturiert.

Altostratus

Mittelhohe Schichtwolke ohne Struktur.

Altweibersommer

Wärmeperiode in der zweiten Septemberhälfte mit trockenem und heiterem Hochdruckwetter bis in den Oktober hinein. Der Name kommt von den vielen Spinnenfäden, an denen jetzt junge Spinnen durch die Luft segeln. Nach altem Volksglauben sind dies Lebensfäden, die die Nornen, die alten Weiber, gesponnen haben. Der Altweibersommer gehört zu den →Singularitäten.

Amboßwolken

Schirm von Eisteilchen in Amboßform an oder über dem oberen Teil von →Cumulonimbuswolken.

Anemometer

→Windmesser.

Antizyklone

→Hoch.

Aprilwetter

Schauerwetter mit nordwestlichen Winden auf der Rückseite (hinter der Kaltfront) von Tiefdruckgebieten. Die Schauer entstehen durch das Aufsteigen relativ warmer Luft vom Boden in die Höhe, wo die Lufttemperatur stark abnimmt.

Atmosphäre

Lufthülle, die die feste Erde umgibt. Bei dem herrschenden mittleren Luftdruck von 1013,2 mbar in Meeresspiegelhöhe ergibt sich für die ganze Atmosphäre eine Masse von 5×10^{15} t (5 Billiarden Tonnen). Die Luft ist ein Gemisch von verschiedenen Gasen:

78 % Stickstoff
21 % Sauerstoff
fast 1 % Edelgase
0,03 % Kohlendioxid.

Man kann die Atmosphäre in die Stockwerke →Troposphäre, →Stratosphäre und →Ionosphäre einteilen. Die Obergrenze ist unbestimmt. In etwa 1000 km Höhe geht sie in den Weltraum über.

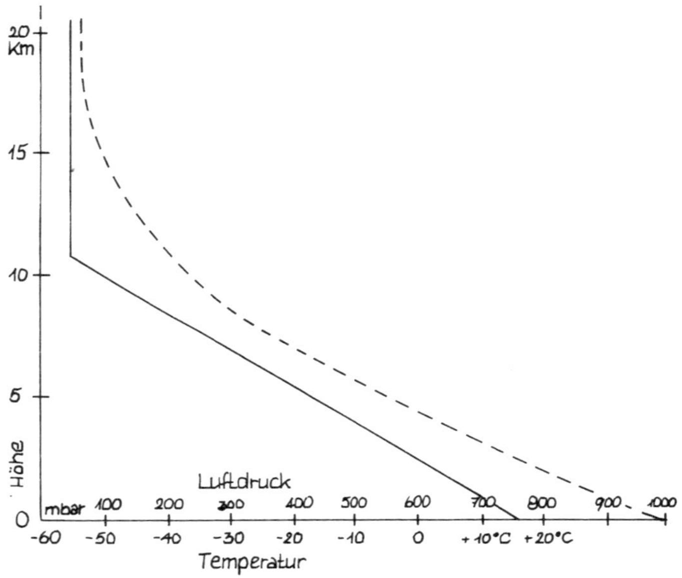

Atmosphäre. Abnahme von Temperatur (—) und Luftdruck (---) mit zunehmender Höhe

Aufbrisen des Windes

Stärkerwerden des Windes.

Auffrischen des Windes

Stärkerwerden des Windes, bei Windstärken kleiner als 6 Beaufort gebraucht. Gegenteil: Abflauen.

Aufgleiten

Aufwärtsbewegung von wärmerer und damit leichterer Luft über kälterer und schwererer Luft. Die Aufgleitflächen sind sehr schwach mit einer Steigung von etwa 1:200 oder 0,3° geneigt. Das Aufgleiten ist mit Wolkenbildung und Niederschlägen verbunden.

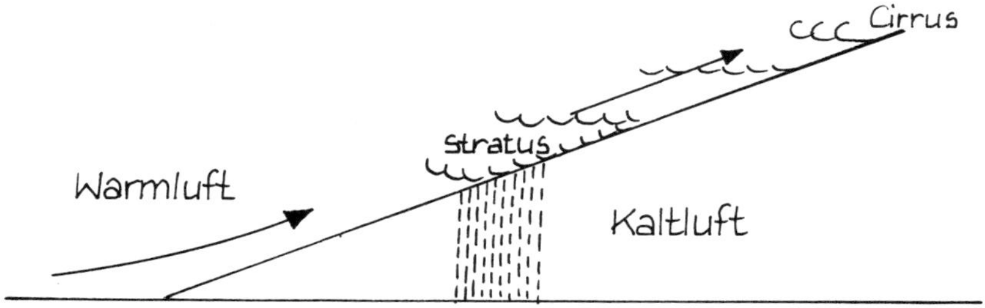

Aufgleiten von Warmluft über der schweren Kaltluft

Aufklaren

Auflockern der Bewölkung. Sichtbarwerden des blauen Himmels, wenn eine geschlossene Wolkendecke Lücken bekommt und die Wolkenmenge abnimmt.

Auflandiger Wind

An der Küste und an Ufern größerer Seen ein Wind, der vom Wasser zum Land weht. Gegenteil: Ablandiger Wind.

Auflandiger Wind

Aufzug

Mit der Annäherung wärmerer Luftmassen in der Höhe durch das →Aufgleiten verursachte Zunahme der Bewölkung.

Aureole
Heller Schein, der um Sonne und Mond entstehen kann, wenn diese durch Wolken beobachtet werden. Sie entsteht durch Beugung des Lichts an Wasser- und Eisteilchen.

Ausschießen des Windes
Plötzliches schnelles →Rechtdrehen des Windes auf West bis Nordwest an der Kaltfront.

Ausstrahlung
Wie jeder Körper, dessen Temperatur über dem absoluten Nullpunkt (−273,16° C) liegt, strahlen auch Luft, Wolken, Erdboden und Wasseroberflächen Wärmeenergie ab. Tags ist die →Einstrahlung von der Sonne größer als die Ausstrahlung, was zur Erwärmung führt. Nachts kühlt sich der Boden bei klarem Himmel stark ab und kühlt damit auch die ihn berührende Luft ab, so daß es zu →Strahlungsnebel oder auch →Strahlungsfrost kommen kann (→Strahlungshaushalt).

Austausch
Ausgleich zwischen den Eigenschaften einer oder verschiedener Luftmassen. Die Atmosphäre ist bestrebt, durch Austausch eine Temperaturabnahme mit der Höhe von 1° C/100 m (adiabatische Schichtung) zu erreichen. Starken vertikalen Austausch erkennt man an Cumuluswolken, schwachen an Stratuswolken.

Azorenhoch
Häufig bei den Azoren liegendes Hochdruckgebiet, das zum subtropischen Hochdruckgürtel gehört und als →Aktionszentrum für das Wetter in Mitteleuropa eine wichtige Rolle spielt.

B

Ballon
Träger für Meßgeräte (→Radiosonden, Radarreflektoren für Höhenwindmessungen, Ozonsonden) in der →Aerologie. Radiosondenballons steigen mit 300 bis 400 m/min auf und erreichen bis 35 km Höhe.

Bar
Einheit des Drucks, abgeleitet von der gesetzlichen Einheit des Drucks Pascal. 1 Bar = 100 000 Pascal. Die Bezeichnung Bar kommt aus dem Griechischen: baros = Schwere, Gewicht.

Barisches Windgesetz

Es besagt, daß für einen Beobachter, der sich mit dem Wind im Rücken befindet, auf der Nordhalbkugel der hohe Luftdruck rechts hinten und der tiefe Luftdruck links vorn liegt, auf der Südhalbkugel dagegen links hinten und rechts vorn. 1860 von Buys-Ballot aufgestellt.

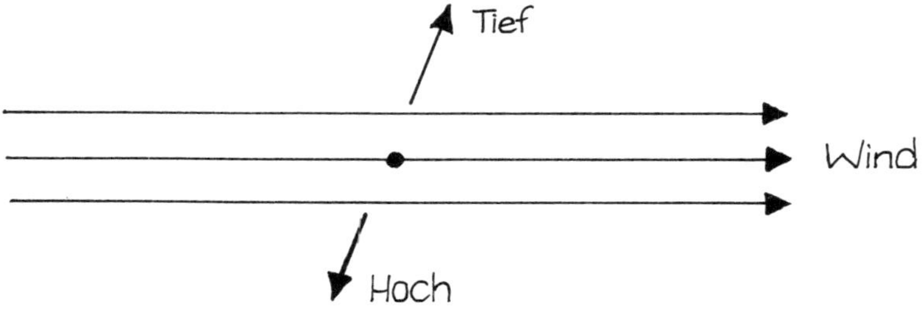

Barisches Windgesetz. Lage von Hoch- und Tiefdruckgebiet in Beziehung zur vorherrschenden Windrichtung auf der Nordhalbkugel

Barometer

Gerät zur Messung des Luftdrucks. Beim Quecksilberbarometer hält eine Quecksilbersäule dem Luftdruck das Gleichgewicht, beim Dosenbarometer (Vidiedose, Aneroidbarometer) wird eine luftleere, mit einer Feder gespannte Dose vom Luftdruck mehr oder weniger zusammengedrückt.

Bauernregeln

Meist gereimte Vorhersageregeln aus dem Volk, nach denen man aus dem Wetter bestimmter Tage, den →Lostagen, die Witterung in späteren Jahreszeiten oder im Folgejahr oder aber auch die Ernte vorhersagen können soll. Sie beruhen auf jahrhundertelanger Erfahrung und gelten allenfalls in dem Gebiet, in dem sie entstanden sind.

Beaufortskala

Dreizehnteilige Skala der Windstärken von 0 (Stille) bis 12 (Orkan). 1806 vom englischen Admiral Sir Francis Beaufort eingeführt. Durch internationale Vereinbarung von der →WMO beschlossene Beziehung zwischen Windstärke und Windgeschwindigkeit (siehe ausführliche Skala auf rechter Seite).

Bedeckung des Himmels

Schätzung des mit Wolken bedeckten Teils des Himmels.

Beaufortgrad	Bezeichnung	Windgeschwindigkeit in 10 m Höhe über offenem, flachem Gelände			Auswirkungen des Windes	
		Knoten	m/s	km/h	im Binnenland	auf See
0	still	<1	0–0,2	<1	Windstille; Rauch steigt senkrecht empor.	Spiegelglatte See.
1	leiser Zug	1–3	0,3–1,5	1–5	Windrichtung angezeigt nur durch den Zug des Rauches, aber nicht durch Windfahnen.	Kleine schuppenförmig aussehende Kräuselwellen ohne Schaumkämme.
2	leichte Brise	4–6	1,6–3,3	6–11	Wind am Gesicht fühlbar; Blätter säuseln; gewöhnliche Windfahnen vom Winde bewegt.	Kleine Wellen, noch kurz, aber ausgeprägter. Die Kämme sehen glasig aus und brechen sich nicht.
3	schwache Brise	7–10	3,4–5,4	12–19	Blätter und dünne Zweige in dauernder Bewegung; der Wind streckt einen Wimpel.	Die Kämme beginnen sich zu brechen. Der Schaum ist glasig. Vereinzelt können kleine weiße Schaumköpfe auftreten.
4	mäßige Brise	11–16	5,5–7,9	20–28	Hebt Staub und loses Papier; dünne Äste werden bewegt.	Die Wellen sind zwar noch klein, werden aber länger. Weiße Schaumköpfe treten schon ziemlich verbreitet auf.
5	frische Brise	17–21	8,0–10,7	29–38	Kleine Laubbäume beginnen zu schwanken; auf Seen bilden sich kleine Schaumkämme.	Mäßige Wellen, die eine ausgeprägte lange Form annehmen. Weiße Schaumkämme bilden sich in großer Zahl (vereinzelt kann schon etwas Gischt vorkommen).
6	starker Wind	22–27	10,8–13,8	39–49	Starke Äste in Bewegung; Pfeifen in Telegraphendrähten; Regenschirme schwierig zu benutzen.	Die Bildung großer Wellen beginnt. Überall treten ausgedehnte weiße Schaumkämme auf (üblicherweise kommt Gischt vor).
7	steifer Wind	28–33	13,9–17,1	50–61	Ganze Bäume in Bewegung; fühlbare Hemmung beim Gehen gegen den Wind.	Die See türmt sich. Der beim Brechen der Wellen entstehende weiße Schaum beginnt sich in Streifen in Windrichtung zu legen.
8	stürmischer Wind	34–40	17,2–20,7	62–74	Bricht Zweige von den Bäumen; erschwert erheblich das Gehen.	Mäßig hohe Wellenberge von beträchtlicher Länge. Die Kanten der Kämme beginnen zu Gischt zu verwehen. Der Schaum legt sich in gut ausgeprägten Streifen in Windrichtung.
9	Sturm	41–47	20,8–24,4	75–88	Kleinere Schäden an Häusern (Rauchhauben und Dachziegel werden heruntergeworfen).	Hohe Wellenberge; dichte Schaumstreifen in Windrichtung. Das bekannte „Rollen“ der See beginnt. Der Gischt kann die Sicht beeinträchtigen.
10	schwerer Sturm	48–55	24,5–28,4	89–102	Kommt im Binnenland selten vor. Bäume werden entwurzelt; bedeutende Schäden an Häusern.	Sehr hohe Wellenberge mit langen überbrechenden Kämmen. Die entstehenden Schaumflächen werden in so dichten weißen Streifen in Richtung des Windes geweht, daß die Meeresoberfläche im ganzen weiß aussieht. Das Rollen der See wird schwer und stoßartig. Die Sicht ist beeinträchtigt.
11	orkanartiger Sturm	56–63	28,5–32,6	103–117	Kommt im Binnenland sehr selten vor; begleitet von verbreiteten Sturmschäden.	Außergewöhnlich hohe Wellenberge (kleine und mittelgroße Schiffe können zeitweise hinter den Wellenbergen aus der Sicht verloren werden). Die See ist völlig von den langen weißen Schaumflächen bedeckt, die in Richtung des Windes verlaufen. Überall werden die Kanten der Wellenkämme zu Gischt verweht. Die Sicht ist herabgesetzt.
12	Orkan	>63	>32,6	>117	–	Die Luft ist mit Schaum und Gischt angefüllt. Die See ist vollständig weiß vom treibenden Gischt. Die Sicht ist sehr stark herabgesetzt.

Beidrehen

Bei schwerer See das Schiff mit dem Bug in den Wind legen.

Beobachtungstermine

Uhrzeit, zu der international meteorologische Beobachtungen gemacht werden, um synoptische →Wetterkarten zeichnen zu können. Hauptbeobachtungstermine sind 00, 06, 12, 18 Uhr Weltzeit, dazu kommen weitere Beobachtungen um 03, 09, 15 und 21 Uhr.

Berg- und Talwind

Bei ruhigem Hochdruckwetter im Mittel- und Hochgebirge auftretende Auf- und Abwinde. Tags strömt die Luft am erwärmten Hang aufwärts, nachts am abgekühlten Hang abwärts.

Berg- und Talwind. Wind vom Berg hinab und vom Tal hinauf wehend

Beständiges Wetter

Fortdauer eines ruhigen Wetters über mehrere Tage.

Beugung

Erregen von Wellen hinter einem Hindernis, das der Ausbreitung von Wellen im Wege steht, durch Umbiegen der Wellen an der Kante des Hindernisses. Ein Teil der optischen Erscheinungen in der Atmosphäre entsteht durch Beugung der Lichtwellen an Staubteilchen und Wasserdampfmolekülen.

Bewölkung

Bedeckung des Himmels mit Wolken.

Blindlingsvorhersage

Wettervorhersage ohne Berücksichtigung des Zustands der Atmosphäre. Die Eintrittswahrscheinlichkeit des so vorhergesagten Wetters beträgt 50%.

Blitz

Elektrische Entladung. Im →Cumulonimbus ist die Wolkenkuppe positiv, der Bereich der 0°-Grenze negativ geladen. Bei genügend großem Ladungsunterschied (10 000 bis 20 000 V/m) bildet sich ein sogenannter „elektrodenloser" Funke, der in Richtung des größten Spannungsunterschieds weiterwächst. Dies geschieht meist innerhalb der Wolke. Der Blitz kann aber auch von Wolke zu Wolke oder von der Wolke zur Erde, die negativ geladen ist, springen. Oft folgen mehrere Blitze hintereinander, die den gleichen Weg (Blitzkanal) nehmen. Sie bewegen sich mit einer Geschwindigkeit von mehr als 100 km/s und haben eine Ladung von bis zu 50 Wattsekunden (eine Autobatterie hat 4000mal soviel) bei einer Stromstärke von 1500 Ampère. Schaden richten Blitze vor allem wegen ihrer hohen Temperatur von 30 000° C an. Eiserne Schiffe sind gegen Blitzschlag gut geschützt wie auch Autos, Holzschiffe sollten einen Blitzableiter haben. In jeder Sekunde gibt es auf der Erde 100 Blitze.

Linienblitz

Blitz aus heiterem Himmel
Auch in der wolkenlosen Atmosphäre kann das luftelektrische Feld so große Spannungsunterschiede aufweisen, daß es, wenn auch äußerst selten, zu einer Blitzentladung kommt.

Blizzard
Schneesturm in Nordamerika mit verheerender Wirkung.

Blutregen
Regen, der durch roten Staub gefallen und dadurch rot gefärbt ist. Der Staub ist vom Boden aufgewirbelt und kann vom Wind aus großer Entfernung herangebracht worden sein.

Blutschnee
Schnee in den hohen Regionen der Alpen und in den Polargebieten, der von einer roten Alge fleckig rot gefärbt ist.

Bodennebel
→Nebel unmittelbar über dem Erdboden. Er entsteht über feuchten, niedrig gelegenen Wiesen, Heideflächen und Mooren bei Windstille und klarem Himmel, wenn sich infolge der →Ausstrahlung die Luft bis zum →Taupunkt abgekühlt hat.

Böen
Kurzfristige unregelmäßige Schwankungen der Windrichtung und -geschwindigkeit von mehreren Sekunden Dauer. Kaltluft ist böiger als Warmluft.

Bonifazius
14. Mai, einer der →Eisheiligen.

Bora
Kalter, trockener, stürmischer und böiger Fallwind aus Norden an Steilküsten der nördlichen Adria, der vorwiegend im Winter auftritt. Die Bora dauert oft eine Woche.

Brave Westwinde, Brave Westerlies
Vorherrschende starke und stürmische Westwinde zwischen 40 und 50° Breite auf der Südhalbkugel, die Segelschiffen mit Ostkursen schnelles Fahren ermöglichen. Bei Westkursen, wenn sie die Fahrt behindern, werden sie „Brüllende Vierziger“ (Roaring Forties) genannt.

Brechung

Ablenkung eines Lichtstrahls beim Übergang von einem optisch dünnen (z. B. Luft) in ein optisch dichtes (z. B. Wasser) Medium. Licht, das von einem Stern in die Atmosphäre eindringt, wird in ihr so gebrochen, daß der Stern „angehoben" wird. Der wahre Sternort liegt also horizontnäher als der scheinbare, den wir sehen. Da die Atmosphäre zum Erdboden hin dichter wird, wird ein Lichtstrahl auf seinem ganzen Weg durch die Atmosphäre gebrochen. Die Brechung ist um so stärker, je länger der Weg durch die Atmosphäre ist. In Horizontnähe beträgt sie mehr als 0,5°, so daß die untergehende Sonne in Wirklichkeit schon untergegangen ist. Daß Mond und Sonne dicht über dem Horizont zusammengedrückt erscheinen, liegt daran, daß der Unterrand stärker gebrochen und damit „angehoben" wird als der Oberrand.

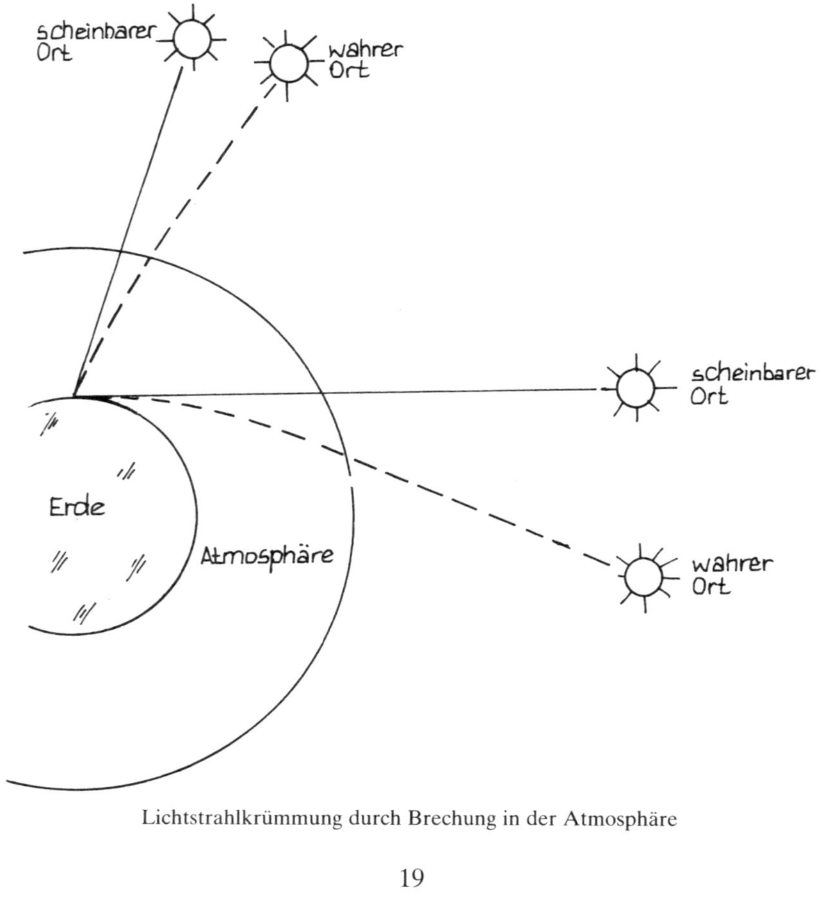

Lichtstrahlkrümmung durch Brechung in der Atmosphäre

Brise
Wind der Stärke 2 bis 5 Beaufort.

Brüllende Vierziger, Roaring Forties
→Brave Westwinde.

Büßerschnee
Schmelzerscheinung einer Schneedecke im Hochgebirge. Durch Sonneneinstrahlung und nächtliche Ausstrahlung bleiben Säulen von mehreren m Höhe stehen. Diese Säulen treten immer in größerer Zahl auf und sehen wie in weiße Kutten gehüllte Mönche aus.

C

Cirrocumulus
Hohe „Schäfchenwolke". Hohe Wolke, in Einzelwölkchen strukturiert.

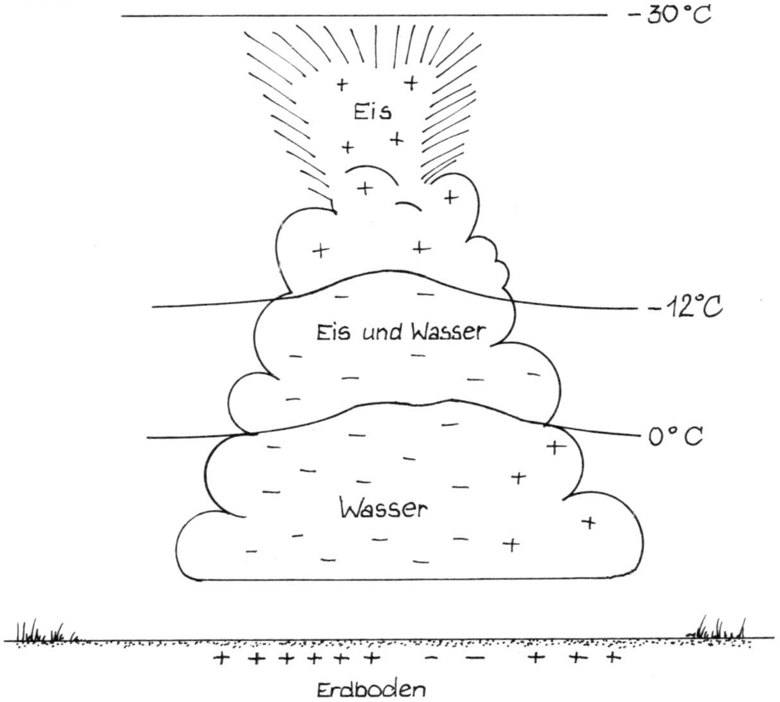

Cumulonimbus (Gewitterwolke). Verteilung von positiver und negativer Ladung, Tröpfchen und Eis

Cirrostratus

Hohe Wolke ohne Struktur.

Cirrus

Hohe Wolke, aus Eisteilchen bestehend. Auch Federwolke oder Schleierwolke genannt. Hakenförmige Cirren sind häufig die ersten Anzeichen einer heranziehenden Warmfront und damit einer möglichen Wetterverschlechterung.

Cumulonimbus

Gewitterwolke. Mächtig aufgetürmte Haufenwolke mit einem Schleier aus Eisteilchen in Amboßform (falscher Cirrus) am oberen Teil (siehe linke Zeichnung).

Böenwolken unter einer heranziehenden Gewitterwolke

Cumulus

Niedrige Haufenwolke in Form eines Blumenkohls. Sie besteht aus Wassertröpfchen und entsteht durch das Aufsteigen warmer, feuchter Luft. Bei sonnigem Wetter, wenn die Lufttemperatur am Boden in einem größeren Gebiet gleich ist, haben die „Schönwettercumuli" ihre Untergrenze in gleicher Höhe.

Schönwetterhaufenwolken

D

Dämmerung

Übergang zwischen Tag und Nacht. Entsteht durch Beleuchtung der höheren Atmosphärenschichten, wenn die Sonne schon untergegangen oder noch nicht aufgegangen ist. Bürgerliche Dämmerung, bei der man bei klarem Himmel im Freien noch lesen kann, wenn die Sonne weniger als 6°, astronomische Dämmerung, wenn sie 6 bis 18° unter dem Horizont steht.

Dampfdruck

→Feuchtigkeit.

Dauerniederschlag

Stunden- oder auch tagelang andauernder Niederschlag.

Depression
→Tief.

Deutscher Wetterdienst (DWD)
Bundesbehörde mit Sitz in Offenbach/Main. Nach dem Gesetz über den Deutschen Wetterdienst hat dieser die Aufgabe, die meteorologischen Erfordernisse insbesondere auf den Gebieten des Verkehrs, der Land- und Forstwirtschaft, der gewerblichen Wirtschaft, des Bauwesens und des Gesundheitswesens für den Bereich der Bundesrepublik Deutschland und das Land Berlin zu erfüllen, die meteorologische Sicherung der Schiffahrt und Luftfahrt zu gewährleisten, durch Forschungsarbeiten die Erkenntnisse auf dem Gebiet der Meteorologie zu fördern, die Atmosphäre auf radioaktive Beimengungen und deren Verfrachtung zu überwachen, an der internationalen Zusammenarbeit der Meteorologie teilzunehmen und die sich daraus ergebenden internationalen Verpflichtungen auf dem Gebiet des Wetterdienstes und des Wetternachrichtendienstes zu erfüllen.

Dick
Neblig.

Diesigkeit
Trübung der Luft durch feinsten Staub. Sichtweite über 3 km.

Doldrums
→Kalmen.

Donner
Ein Blitz erhitzt die Luft auf etwa 30 000° C. Hierbei dehnt sie sich explosionsartig aus. Diese Ausdehnung und anschließende Verdichtung der Luft breitet sich als Schall nach allen Seiten aus. Donner ist bis 15 km weit hörbar. Das Grollen und Rumpeln sind Echos von Wolken und Bergen.

Dunst
Trübung der Luft durch kleinste Wassertröpfchen. Sichtweite 1 bis 3 km. Oft Vorstufe des Nebels.

Dünung
→Seegang, der in einem Windfeld entstanden ist, das vom Beobachtungsort entfernt ist. Ein Seegangsfeld bewegt sich über weite Entfernungen, bis seine Energie durch Reibung aufgezehrt ist.

Dürre

In der warmen Jahreszeit eine Zeit mit Niederschlagsmangel und Temperaturen weit über dem langjährigen Mittelwert bei geringer Luftfeuchtigkeit.

E

Einstrahlung

Energie, die von der Sonne auf die Atmosphäre trifft.

Eis

Kommt in der Luft als Stäbchen und Plättchen in Wolken, als Sterne, schneeballartige Körner, Nadeln und rundliche Stücke im Niederschlag vor.

Eisheilige

11. bis 14. (15.) Mai (Mamertus, Pankratius, Servatius, Bonifatius, Sophia). In diese Tage fallen häufig Kälteeinbrüche, die in allen Gegenden Mitteleuropas Frost bringen können. Die Eisheiligen gehören zu den →Singularitäten.

Eisnadeln

Dünne unverzweigte Eiskristalle in Form von Nadeln oder Blättchen, die bei klarem Wetter und strengem Frost auch bei unbewölktem Himmel fallen. Wegen ihres Glitzerns in der Sonne werden sie Diamantstaub genannt.

Eisregen

→Unterkühlter Regen.

Elmsfeuer

Leuchterscheinung an hochgelegenen Spitzen wie Masten oder Kirchtürmen bei Gewittern, Schnee- oder Staubstürmen. Es tritt nur bei starkem luftelektrischem Feld (→Luftelektrizität) auf. Es ist eine sogenannte stille elektrische Entladung.

Energiehaushalt

Die Atmosphäre erhält ihre Energie direkt von der Sonne, dem Erdboden und den Wasserflächen als „fühlbare" Wärme und durch den Wasserdampfgehalt als „latente" (versteckte) Wärme. Die Bewegungsenergie wird durch Reibung in Wärmeenergie in der Luft selbst und an Hindernissen umgewandelt. Wie der →Strahlungshaus-

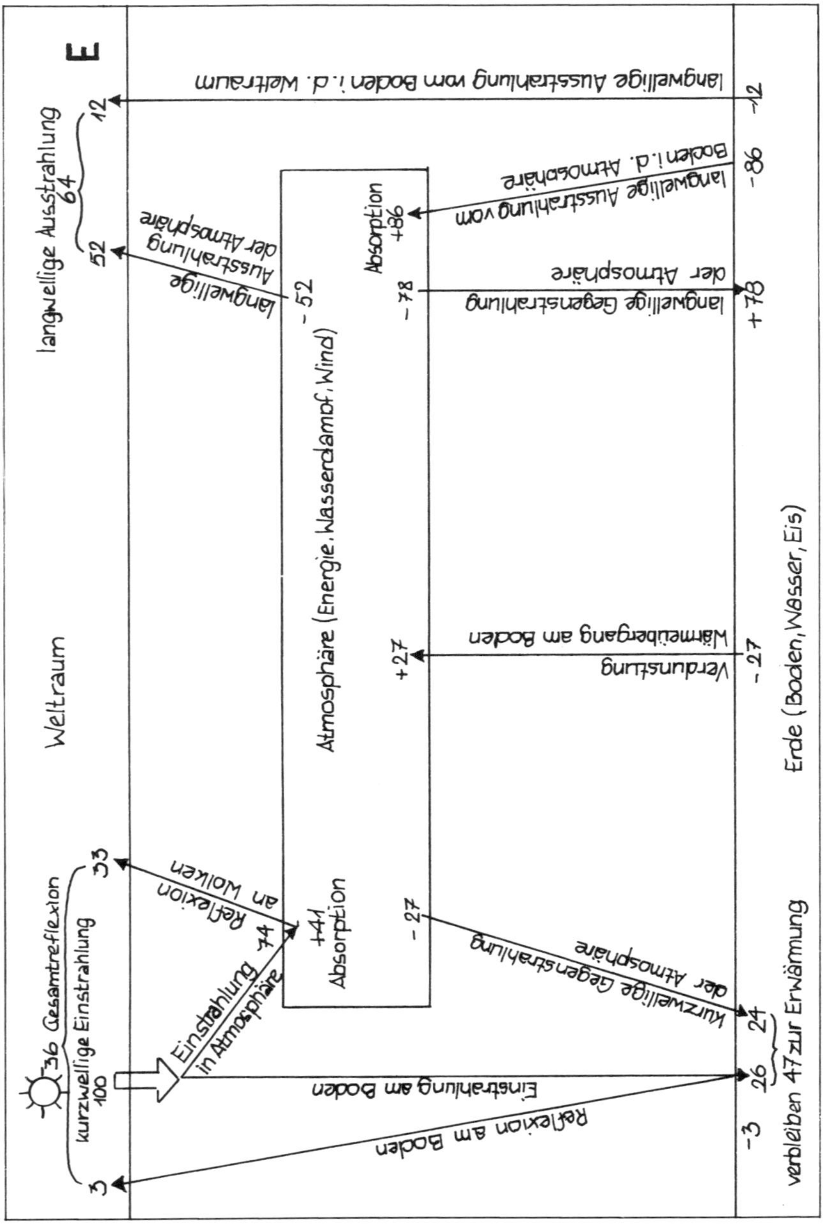

Mittlerer Energiehaushalt der Atmosphäre in % der Einstrahlung. 100% entsprechen 1370 Watt pro m^2

halt steht auch der Energiehaushalt im Gleichgewicht (Diagramm).

Erhaltungstendenz
Neigung des Wetters, über eine gewisse Zeit gleich zu bleiben. Die Vorhersage „Morgen wird das Wetter wie heute“ hat nach der Erfahrung eine Eintreffwahrscheinlichkeit von 70%. Je länger ein Wetter andauert, desto weniger wahrscheinlich ist ein Wechsel.

Etesien
Warme und trockene Nordwestwinde, die im Sommer im östlichen Mittelmeer wehen.

F

Fallstreifen
Aus entfernten mittelhohen Wolken und Schauerwolken fallender Niederschlag, der wie ein grauer, meist streifiger Vorhang aussieht.

Fallwind
Im Lee von Gebirgen herabwehender Wind. Beispiele: →Föhn, →Bora.

Fata Morgana
Eine →Luftspiegelung.

Federwolken
→Cirrus.

Fernerkundung
Meßmethode, bei der sich das Meßgerät nicht am Ort der zu messenden Größe befindet. Als Geräteträger dienen Drachen, Ballons, Flugzeuge, Raketen und Satelliten. Z. B. läßt sich aus der gemessenen Strahlungsintensität eines Körpers (Erdboden, Meeresoberfläche, Wolkenobergrenze) dessen Temperatur berechnen. Es können auch der Wassergehalt der Wolken, die Regenintensität, der Wasserdampfgehalt der Luft bestimmt werden. Geräte sind z. B. Strahlungsmesser, Radar, Lidar, Sodar, Laser.

Fesselballon
Gasgefüllter Ballon, der durch ein Seil mit einer Winde verbunden ist und ein Meßgerät, z. B. →Radiosonde, bis in einige 100 m Höhe tragen kann. Er erlaubt durch wiederholtes Aufsteigen und Herun-

terziehen die Messung feiner Strukturen der Temperatur- und Feuchteschichtung und deren kurzfristige Änderungen. Früher wurden hierfür auch Kastendrachen benutzt.

Feuchtigkeit, Feuchte

Menge des Wasserdampfs in der trockenen Luft. Absolut trockene Luft ohne Wasserdampf kommt auf der Erde nicht vor. Man unterscheidet:

Dampfdruck: Druck, den der Wasserdampf als Teil der Atmosphäre ausübt.

Absolute Feuchtigkeit: Gramm Wasserdampf pro m^3 feuchte Luft. An der Erdoberfläche liegt ihr Wert zwischen 0,1 und 22,5 g/m^3.

Spezifische Feuchtigkeit: Gramm Wasserdampf pro kg feuchte Luft.

Relative Feuchtigkeit: Verhältnis zwischen vorhandener und größtmöglicher Feuchtigkeit (bei der die Luft mit Wasserdampf gesättigt ist).

Flaute

→Stille.

Föhn

Warmer, trockener Fallwind an der Nordseite der Alpen. Er entsteht, wenn warme und feuchte Mittelmeerluft an der Alpensüdseite

Linsenförmige Föhnwolken im Lee eines Gebirges

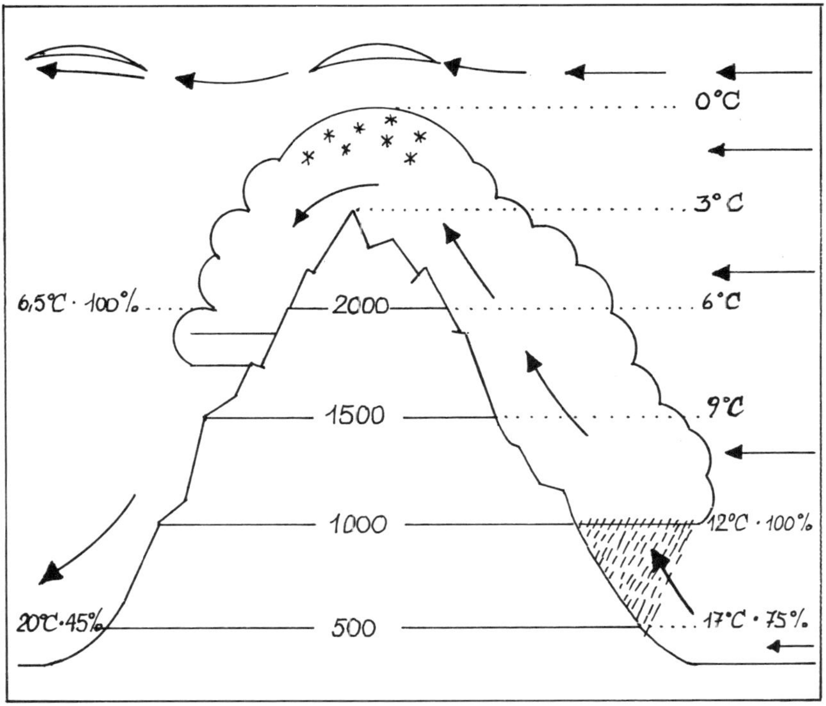

Föhnentstehung. Aufsteigen und Abkühlen von feuchter Luft, Wolkenbildung und Abregnen auf der Luvseite (rechts) eines Gebirges; Absinken und Erwärmen der Luft und Wolkenauflösen auf der Leeseite (links). Hier auch Bildung der linsenförmigen Föhnwolken

aufsteigt. Hierbei kühlt sie sich bis zum Kondensationsniveau um 1° C/100 m ab, beim weiteren Aufsteigen in den Wolken um 0,6° C/100 m. Ein Teil des Wassers in den Wolken regnet aus. Auf der Nordseite strömt die Luft abwärts, die Wolken lösen sich schnell auf, und die Luft erwärmt sich um 1° C/100 m. Daher hat die Luft im Alpenvorland eine höhere Temperatur als in gleicher Höhe südlich der Alpen. In Norddeutschland kann Föhn bei Nordwind im Lee des skandinavischen Gebirges auftreten. Er erreicht aber nicht den Boden („freier Föhn"), sondern bewirkt nur Wolkenauflösung.

Front

Linie, auf der die Grenzfläche zweier verschiedener Luftmassen auf dem Erdboden aufliegt. Die Warmfront trennt die Kaltluft von der nachfolgenden Warmluft, die Kaltfront trennt diese von der dann folgenden Kaltluft. Da sich die Kaltfront schneller bewegt als die

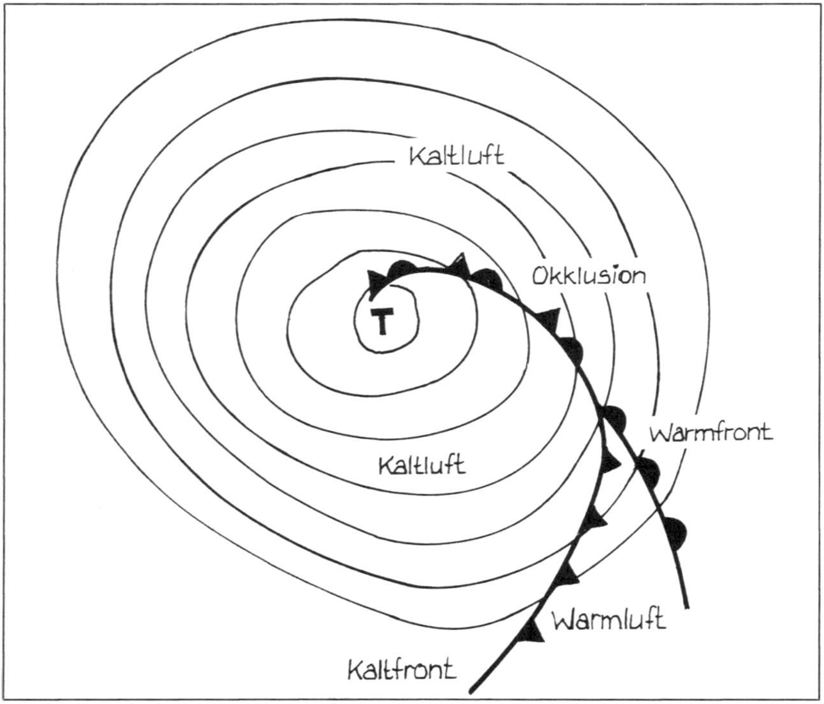

Fronten und Luftmassen in einem Tiefdruckgebiet

Warmfront, wird diese von der Kaltfront, im Kern des Tiefs beginnend, eingeholt. Diese Front wird Okklusion genannt. Das Tief hat den Höhepunkt seiner Entwicklung überschritten und füllt sich auf.

Frontalzone

Zone in den gemäßigten Breiten, in der die warme Subtropikluft und die kalte Polarluft zusammentreffen. In ihr liegt die →Polarfront.

Frontgewitter

→Gewitter, die an einer Kaltfront und gelegentlich auch an einer Warmfront auftreten können. Die warme Subtropikluft und die kalte Polarluft tragen verschiedene elektrische Ladungen. Die Blitze sind überwiegend Wolkenblitze. Frontgewitter sind nicht an bestimmte Jahreszeiten gebunden und können auch im Winter auftreten (Wintergewitter).

Frost
Lufttemperatur unter 0° C.

Frostrauch
Nebel, der wie →Seerauch entsteht, jedoch bei Lufttemperaturen unter 0° C.

Frühling
Jahreszeit zwischen Winter und Sommer. Astronomisch auf der Nordhalbkugel die Zeit, in der die Sonne vom Himmelsäquator (am 21. 3.) zu ihrem höchsten Stand (am 22. 6.) wandert, meteorologisch die Monate März bis Mai, in der Natur von der Blüte von Apfel und Flieder bis zur Blüte des Holunders.

Frühsommer
Jahreszeit zu Beginn des Sommers von der Holunderblüte bis zur Lindenblüte.

G

Gefährliches Viertel
Der Sektor eines Orkans, in dem ein Schiff Gefahr läuft, in die Zugbahn hinein versetzt zu werden. Er liegt auf der Nordhalbkugel rechts vor dem Orkanzentrum, auf der Südhalbkugel links vor dem Zentrum, wenn man in Zugrichtung des Orkans blickt.

Gemäßigte Zone
Gebiet zwischen Wendekreis und Polarkreis mit überwiegend westlichen Winden und wechselhaftem Wetter.

Gewitter
Wettererscheinung mit Blitzen, Donner und meist starken Niederschlägen. Sommerliche Wärmegewitter entstehen aus Cumuluswolken, die sich zu →Cumulonimben auftürmen. Der →Amboß (Eiswolke) ist im allgemeinen positiv geladen bei Temperaturen um −40° C, die negative Ladung befindet sich hauptsächlich im mittleren Teil bei 0 bis −5° C, in dem Eisteilchen und unterkühlte Wassertröpfchen gleichzeitig vorkommen, und im unteren Teil bei etwa 0° C. Hier kann auch positive Ladung auftreten. Die Trennung von positiver und negativer Ladung setzt innerhalb des Cumulus einen Aufwind von mindestens 30 m/s voraus. Beim Gefrieren von unterkühlten Wassertröpfchen trennt sich die Ladung des Tröpfchens: Das Eis

wird positiv, das Restwasser negativ geladen. Die leichteren Eiskristalle werden nach oben gerissen (→Blitz).

Gewitterwolke
→Cumulonimbus.

Gezeiten
Wie die Ozeane und die feste Erde unterliegt auch die Atmosphäre den gezeitenerzeugenden Kräften. Die Gezeiten der Atmosphäre sind aber äußerst gering. Über Mitteleuropa beträgt die Schwingung der halbtägigen Mondtide, die an der Nordseeküste die größten Gezeitenschwankungen des Meeresspiegels verursacht, beim Luftdruck 0,014 mbar und beim Wind 0,5 cm/s. Der Tidenhub (die Schwingung) des Wassers beträgt z. B. bei Helgoland 2,39 m, bei Cuxhaven 3,10 m und bei Hamburg 3,38 m.

Glashauswirkung
Wärmeeffekt der Atmosphäre auf die Erde. Er beruht darauf, daß ein Teil der langwelligen Ausstrahlung des Erdbodens in der Luft von Wasserdampf, Wolken und Kohlendioxid absorbiert und wieder ausgestrahlt wird. Hiervon erreicht ein Teil (Gegenstrahlung) wieder den Erdboden. Die Atmosphäre schafft so – wie ein Glas- oder Treibhaus – eine höhere Temperatur auf der Erde. Sie liegt etwa 40° C über der, die die Erde ohne Atmosphäre hätte.

Globalstrahlung
Direkte und diffuse (gestreute) Sonnenstrahlung, die als Summe den Erdboden erreicht.

Glorie
Farbiger Kreis um den Schatten eines Beobachters auf einer Wolke (um den Flugzeugschatten) oder Nebelwand, der durch Reflexion in den Wassertröpfchen entsteht.

Graupeln
Undurchsichtiger fester Niederschlag mit einem Durchmesser unter 1 mm. Sie entstehen durch das Zusammenfrieren von unterkühlten Regentropfen mit Eis- oder Schneekristallen. Sie springen auf hartem Boden.

Grieseln
Graupeln mit rauhreifartigem Überzug, die nicht springen.

Großwetterlage
Zustand der Atmosphäre in einem größeren Gebiet während eines Zeitraums von mehreren Tagen.

Grüner Strahl
Aufleuchten des letzten Teils der Sonnenscheibe in hellgrüner Farbe beim Untergang. Verursacht durch Absorption des roten und gelben Teils des Sonnenlichts am Wasserdampf. Der grüne Strahl dauert wenige Sekunden und tritt nur bei sehr klarer Luft auf, wobei der Horizont deutlich zu sehen sein muß. Auch bei Sonnenaufgang ist er zu sehen. Insgesamt ist die Erscheinung nicht häufig.

H

Hagel
Rundliche klare Eisstücke mit einem Durchmesser von 5 bis 50 mm, aber auch bis Hühnereigröße. Hagel fällt meist aus Schauer- und Gewitterwolken während der warmen Jahres- und Tageszeit. Er entsteht aus Eiskristallen, an die beim Fallen durch Wolken mit unterkühlten Tröpfchen eine oder mehrere Eisschichten anfrieren. Hagelschauer dauern selten länger als 15 min, richten aber oft großen Schaden an.

Hagelschießen
Versuch, durch eine Explosionserschütterung in einer Schauerwolke die Bildung von Hagel zu verhindern. Die Explosionsenergie von Geschossen ist im Vergleich zu der Energie in einer Schauerwolke sehr klein, ein Erfolg des Hagelschießens konnte bisher nicht zweifelsfrei nachgewiesen werden.

Halo
Farbiger Ring mit roter Innenseite um Sonne oder Mond in einem Abstand von 22 oder 46°. Er entsteht durch Lichtbrechung in Eiskristallen in sehr dünnen Cirren. Rechts oder links von Sonne oder Mond tritt im Halo gelegentlich ein leuchtender weißer Fleck, eine Nebensonne (-mond) auf (siehe rechte Zeichnung).

Harter Wind
Wind mit einer Stärke von 6 Beaufort und mehr.

Häsig
Unsichtig, feucht, dunstig.

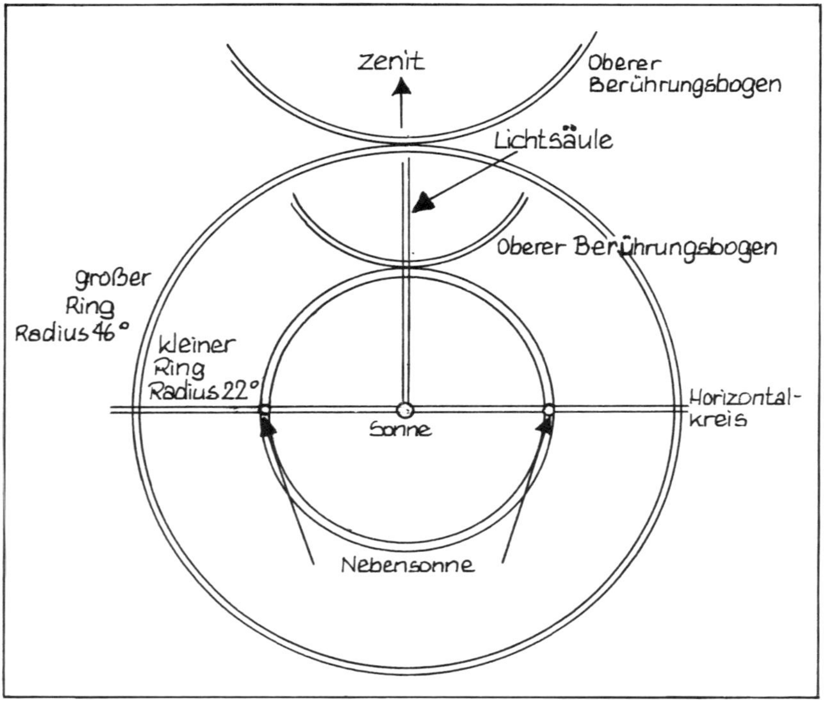

Mögliche Haloerscheinungen bei dünnem Cirrusschleier

Hektopascal

Im Wetterdienst benutzte Einheit für den Luftdruck. 1 Hektopascal (= 100 Pa) = 1 mbar (→Millibar).

Herbst

Jahreszeit zwischen Sommer und Winter. Astronomisch auf der Nordhalbkugel die Zeit, in der die Sonne vom Himmelsäquator (am 23. 9.) zu ihrem niedrigsten Stand (22. 12.) wandert, meteorologisch die Monate September bis November, in der Natur die Zeit von der Reife der Roßkastanie bis zum Ende der Feldarbeiten.

Himmelsblau

Der Himmel ist blau, weil der kurzwellige blaue Teil des Sonnenlichts in der Luft stärker gestreut wird als der langwelligere gelbe und rote Anteil. An größeren Teilchen (Dunst) wird auch der gelbe Anteil mehr gestreut, so daß der Himmel zum Horizont hin heller wird.

Hoch, Hochdruckgebiet

Gebiet, in dem der Luftdruck bezogen auf Meeresniveau oder eine andere feste Höhe höher als in der Umgebung ist. Da in einem Hoch die Luft absinkt, lösen sich die Wolken auf. Es herrscht meist schönes, windarmes Wetter („ruhiges Hochdruckwetter“). Im Sommer ist es im Hoch sehr warm, im Winter sehr kalt. Im Herbst und Winter kann es durch hochnebelartige Schichtwolken an einer →Inversion zu tagelangem trüben, austauscharmen Wetter mit großer Luftverschmutzung kommen.

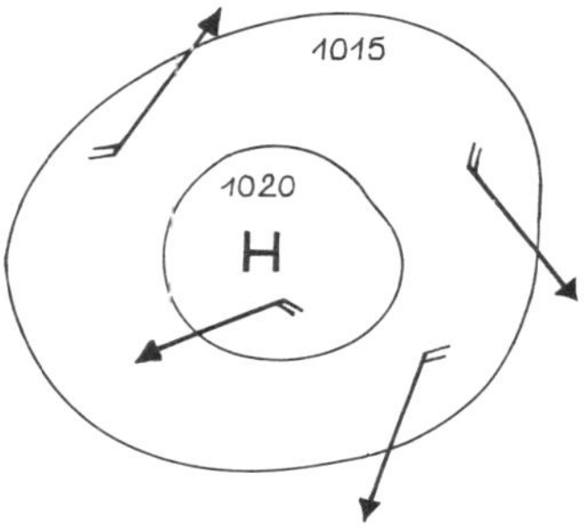

Winde in einem Hochdruckgebiet

Hochdruckbrücke, Hochdruckrücken

Verbindung mit relativ hohem Luftdruck zwischen zwei Hochdruckgebieten.

Hochkeil

Meist an der Nordseite von Hochdruckgebieten gelegener Bereich hohen Drucks zwischen zwei Tiefdruckgebieten.

Hochnebel

Nebel, der sich entweder durch Erwärmung des Erdbodens gehoben aber nicht aufgelöst hat, oder aber durch Kondensation des Wasserdampfs in einer sehr feuchten Schicht unterhalb einer →Inversion bei Abkühlung durch →Ausstrahlung gebildet hat. Diese zweite Form des Hochnebels tritt oft im Winter in Hochdruckgebieten auf.

Hochsommer

Heißeste Zeit des Jahres. Beginn mit der Lindenblüte.

Hof

Heller runder Schein um Sonne, Mond oder helle Sterne. Entsteht

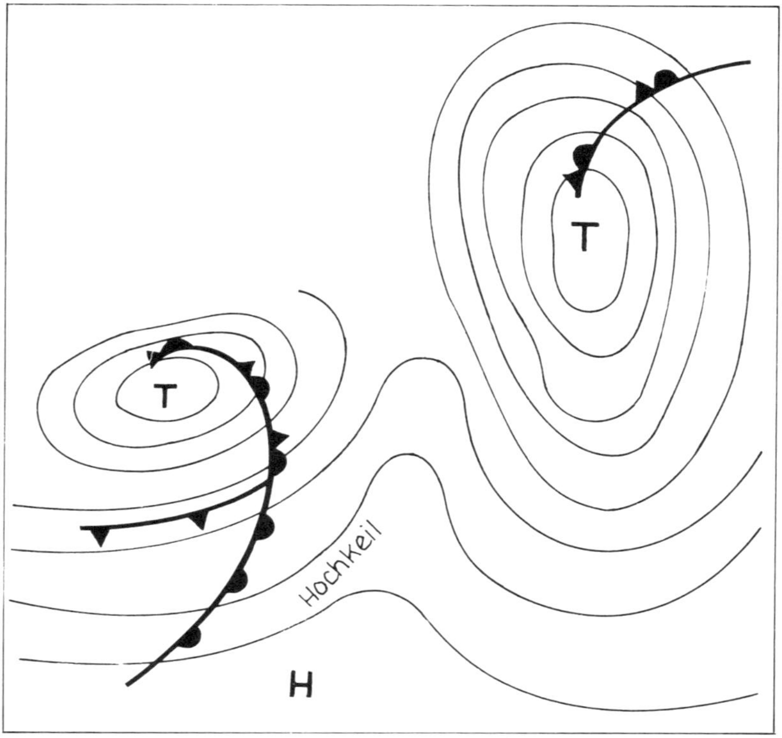

Hochkeil zwischen zwei Tiefdruckgebieten

durch Beugung des Lichts an Wassertröpfchen in dünnen Wolken. Höfe deuten auf Wetterverschlechterung hin.

Hohe Wolken

Wolken in Höhen oberhalb 6 km. Wolkenarten: Cirrocumulus, Cirrostratus, Cirrus.

Höhenwind

Wind oberhalb des Erdbodens. Oberhalb 2 km weht er wegen der fehlenden Reibung etwa parallel zu den →Isohypsen. Er wird durch das Verdriften von Radiosonden- und Pilotballons gemessen. Auch aus dem Wolkenzug (z. B. von Satelliten fotografiert) kann man ihn berechnen.

Hundertjähriger Kalender

Tagebuch von Beobachtungen des Wetters und dessen Auswirkung auf Mensch, Tier und Pflanze des Abts Mauritius Knauer der Jahre 1652 bis 1658. Da sich nach sieben Jahren der Zyklus der damals bekannten Planeten wiederholt, sollte sich nach seiner (astrologischen) Meinung auch das Wetter nach sieben Jahren wiederholen. Der Arzt Helwig machte aus diesen Beobachtungen Ende des 17. Jahrhunderts in Erfurt durch Voranstellen einer Planetentafel für die nächsten 100 Jahre eine Vorhersage über 100 Jahre. Der 100jährige Kalender ist für die Wettervorhersage völlig wertlos.

Hundstage

Heißeste Zeit des Jahres Ende Juli/Anfang August. Name stammt vom Aufgang des Hundssterns (Sirius) soweit vor Sonnenaufgang, daß er am Morgenhimmel sichtbar wird.

Hurrikan

→Tropischer Wirbelsturm im Atlantik.

Hygrometer

Gerät zur Messung der Luftfeuchtigkeit. Sie wird indirekt gemessen durch Längenänderung von Haaren und Änderung der elektrischen Leitfähigkeit von Salzen oder von in gelatineartigem Material eingebettetem Kohlenstoff.

I/J

Inversion

Sperrschicht, in der die Temperatur entgegen den normalen Verhältnissen mit der Höhe zunimmt. Dadurch verliert aufsteigende Luft ihren Auftrieb und der vertikale Austausch wird verhindert.

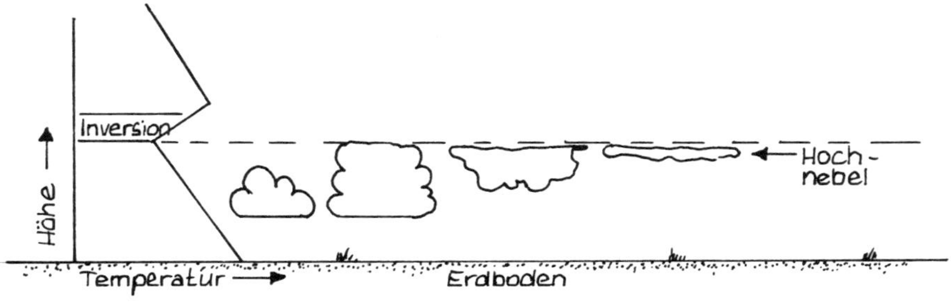

Inversion. Schicht mit Temperaturzunahme mit der Höhe, in der das weitere Ansteigen der Luft verhindert wird

Ionosphäre

Bereich der Atmosphäre oberhalb 80 km Höhe. Hier sind die Luftmoleküle von der kosmischen Höhenstrahlung ionisiert und deshalb stark leitend. Man unterscheidet verschiedene Schichten, die D-, E-, F_1- und F_2-Schicht. Letztere liegt in etwa 300 km Höhe. Wegen ihrer guten elektrischen Leitfähigkeit dienen sie dem weltweiten Funkverkehr. Die Obergrenze der Ionosphäre ist unbestimmt.

Islandtief

Tiefdruckgebiet, das sehr regelmäßig in der Nähe von Island liegt und wie das Azorenhoch als →Aktionszentrum für das Wetter in Mitteleuropa bestimmend ist.

Isolinie

Linie auf einer Karte, die Orte mit gleichen physikalischen Eigenschaften verbindet.

Beispiele aus der Meteorologie:

Isobare	– Linie gleichen Luftdrucks, der auf ein bestimmtes Niveau (Meeresoberfläche) bezogen ist
Isogone	– Linie gleicher Windrichtung
Isohelie	– Linie gleicher mittlerer Sonnenscheindauer
Isohypse	– Linie gleicher Höhe einer Druckfläche in Höhenwetterkarten
Isotache	– Linie gleicher Windgeschwindigkeit
Isotherme	– Linie gleicher Temperatur.

Jahreszeiten

Einteilung des Jahres in vier Teile nach der Bewegung der Sonne am Himmel.

K

Kälteeinbruch

Plötzliche Abkühlung durch Eindringen kalter Luftmassen auf der Rückseite eines Tiefs.

Kältepole

→Wetterrekorde.

Kalmen

Gebiet schwacher und umlaufender Winde in der äquatorialen Tiefdruckrinne zwischen den beiden →Passaten. Im Atlantik liegt der

Kalmengürtel im Nordsommer zwischen 1° und 12° N, im Nordwinter zwischen 1° und 5° N.

Kaltfront
→Front.

Kaltlufttropfen
Entsteht dadurch, daß nach Süden vorgedrungene Kaltluft durch einen Warmluftstrom im Norden von der ursprünglichen Kaltluft abgetrennt wird. Kaltlufttropfen bestehen lange, ziehen langsam und verursachen besonders im Sommer kaltes Wetter mit großen Niederschlägen.

Kaventsmann
Außerordentlich hohe Welle bei sich kreuzendem Seegang (Kreuzsee).

Klima
Summe meteorologischer Elemente, gemittelt über einen Zeitraum von mehreren Jahrzehnten. Das Klima eines Ortes ist abhängig von der geographischen Breite, der Höhe über dem Meeresspiegel und der Lage auf dem Kontinent. Bei grober Unterteilung werden folgende Klimazonen unterschieden: Tropisches Regenklima, trockenes Klima, warmes Regenklima, winterkaltes Regenklima, Tundrenklima, Schneeklima, Steppenklima, Wüstenklima.

Klimaänderung
Änderung des →Klimas in Jahrhunderten und Jahrtausenden. Hierzu gehört der Wechsel von Eis- und Warmzeiten.

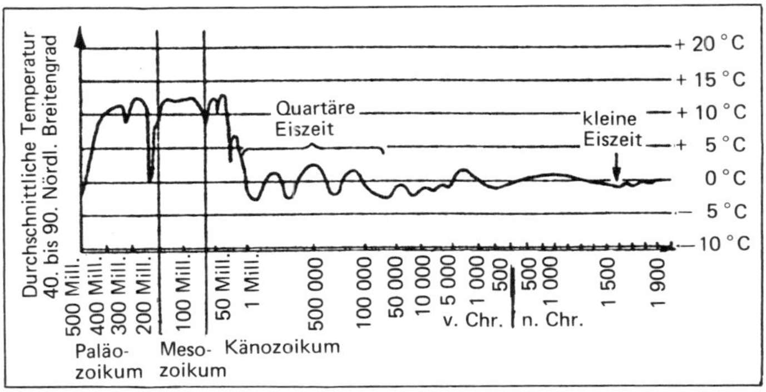

Klimaänderung. Mutmaßlicher Temperaturverlauf in den letzten 500 Millionen Jahren

Klimaschwankung
Schwankung des →Klimas um einen Mittelwert in Jahrzehnten und Jahrhunderten.

Knoten
Einheit der Geschwindigkeit: 1 Knoten = 1 sm/h = 1,852 km/h = 0,514 m/s. Die Windgeschwindigkeit wird oft in Knoten angegeben.

Kondensation
Übergang von Wasserdampf zu Wasser als →Tau, →Nebel oder →Wolke. Kondensation tritt ein, wenn sich Luft bis zum →Taupunkt abkühlt oder wenn bei Zufuhr von genügend Wasserdampf das Gemisch aus Wasserdampf und Luft mit Wasserdampf gesättigt ist und wenn →Kondensationskerne vorhanden sind. Bei der Kondensation wird die Wärme, die vorher bei der Verdunstung verbraucht wurde und in der Atmosphäre als „latente" (versteckte) Energie vorhanden war, wieder frei.

Kondensationskerne
Für die Bildung von →Wolken und →Nebel als Ansatzpunkte für die Kondensation des Wasserdampfs dienende feinste Teilchen, die in der Luft schweben. Vermutlich sind es wasseranziehende (hygroskopische) Staub- und Salzteilchen.

Kondensationsniveau, -höhe
Untergrenze von Cumuluswolken. Dies ist die Höhe, in der sich aufsteigende Luft bis zum →Taupunkt abgekühlt hat. Durch die bei

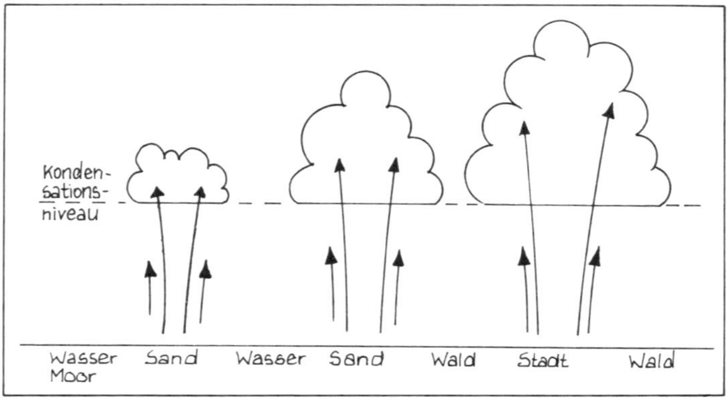

Kondensationsniveau. Höhe, in der der Wasserdampf in aufsteigender Luft kondensiert und sich Wolken bilden

der →Kondensation freiwerdende Energie wird die Luft erwärmt, was zu schnellerem Aufsteigen in der Wolke führt. Dies ist in aufquellenden Cumuluswolken gut zu beobachten.

Kondensfahne

Wolke hinter einem Flugzeug in großen Höhen. Entsteht in Schichten mit hohem Wasserdampfgehalt durch die Verbrennung des Treibstoffs, wobei große Mengen von Wasserdampf und →Kondensationskernen frei werden.

Konvektion

Aufsteigen der Luft, wobei sie sich je 100 m um etwa 1° C, in Wolken um etwa 0,6° C abkühlt. Konvektion tritt nur auf, wenn die Temperatur mit der Höhe um mindestens 1° C/100 m abnimmt.

Kranz

Bläulich-weißer Schein unmittelbar um Sonne, Mond und sehr helle Sterne, der außen in einem braunroten Ring endet. Er entsteht durch Beugung des Lichts an Wolkentröpfchen und Eiskristallen. Das Irisieren der Wolken (Perlmutterwolken) entsteht auf die gleiche Art.

Krimpen des Windes

→Rückdrehen des Windes.

Kugelblitz

Sehr seltene Form des Blitzes, in dem die elektrische Entladung als hell leuchtende „Kugel" transportiert wird. Entstehung unbekannt.

L

Land- und Seewind

Begrenztes Zirkulationssystem, das im Sommer bei ruhigem Hochdruckwetter an der Küste und am Ufer großer Seen beobachtet

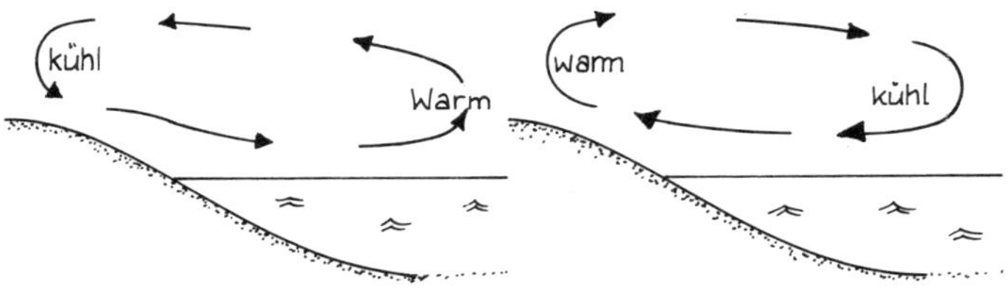

Land- und Seewind

Zerrissene Haufenwolken hinter einer Kaltfront

Cirren. Beginn der Aufzugsbewölkung vor einem Tief

Halo im Cirrusschleier

Zerrissene Haufenwolken unter Cirrostratus. Kurz vor Regen

Dichte Schäfchenwolken (Stratocumulus)

Schönwetterhaufenwolken

Aufgetürmte Haufenwolke

Gewitterwolke (Cumulonimbus)

Regenbogen mit Nebenbogen

Böenwalze, hervorgerufen durch einen Windsprung

Seegang bei Sturm

Graupelschauer

Schneesturm

Wetter im Hochkeil. Am Horizont Aufzugsbewölkung

werden kann. Am Vormittag beginnt wegen der starken Erwärmung des Landes hier Luft aufzusteigen und kühle Luft von See anzusaugen. Es bilden sich Haufenwolken. Am späten Nachmittag entsteht wegen der schnelleren Abkühlung des Landes der umgekehrte Effekt. Diese Zirkulation reicht einige 100 m hoch und erstreckt sich horizontal senkrecht zur Küste bis etwa 10 km.

Landklima
→Seeklima.

Landregen
Lange andauernder Regen, der sich über ein großes Gebiet erstreckt.

Lee
Die dem Wind abgewandte Seite. Gegenteil: Luv.

Lichtsäule
Senkrechtes einfarbiges Lichtband über der tiefstehenden oder untergegangenen (noch nicht aufgegangenen) Sonne. Die Lichtsäule gehört zu den →Haloerscheinungen und entsteht durch Reflexion des Lichts an Eisplättchen.

Linienblitz
Häufigste Form des →Blitzes, bei dem sich in einer mehr oder weniger stark verästelten Zickzacklinie die elektrischen Entladungen bewegen.

Lostage
Tage, aus deren Wetter Vorhersagen von Witterung und Ernte möglich sein sollen (→Bauernregeln). Die Lostage sind meist kirchliche Festtage und Tage von Heiligen, gehen aber auf germanisches Brauchtum zurück. Der bekannteste Lostag ist der →Siebenschläfer.

Luftdruck
Druck, mit dem eine Luftsäule, die bis zu einer gedachten Atmosphärengrenze reicht, auf alle Seiten eines Körpers drückt. Die Masse dieser Luftsäule beträgt bei einem Querschnitt von 1 cm^2 in Meeresspiegelhöhe im Mittel 1033 g. Sie erzeugt einen Druck von 1013,2 mbar. Der niedrigste Luftdruck wird in tropischen Wirbelstürmen gemessen, der höchste in Hochdruckgebieten auf den Kontinenten. Die Werte liegen zwischen 880 und 1080 mbar, umgerechnet auf Meeresspiegelhöhe. Orkanwirbel über der Nordsee erreichen im

Zentrum Werte unter 930 mbar, Hochs über Mitteleuropa über 1050 mbar. In Bodennähe nimmt der Luftdruck um 1 mbar je 8 m mit der Höhe ab.

Luftelektrizität

Die Luft enthält ein vertikal gerichtetes elektrisches Feld, dessen Stärke bei Hochdruckwetter etwa 100 V/m beträgt. Bei Regen, Nebel und besonders in der Nähe von Gewittern kann die Feldstärke mehrere 1000 V/m erreichen. Zwischen →Ionosphäre und Erde besteht eine Spannung von etwa 280 000 V. Da die Luft ein elektrischer Leiter – wenn auch mit einem sehr großen Widerstand – ist, fließt zwischen Erde und Ionosphäre ein elektrischer Strom, der eine Stärke von 1300 Ampère hat, so daß das ganze System ein Generator mit einer mittleren Dauerleistung von 364 Megawatt (364 000 kW) ist. Diese Leistung ist erforderlich, um das luftelektrische Feld aufrecht zu halten. Sie wird von den 1000 bis 2000 Gewittern erbracht, die dauernd auf der Erde tätig sind.

Luftloch

Der Eindruck, daß ein Flugzeug in ein Luftloch fällt, entsteht durch eine abwärts gerichtete Bö bei großer →Turbulenz der Luft.

Luftmasse

Luftmenge mit gleicher Eigenschaft. Polarluft ist kalt, Tropikluft warm. Führt ihr Weg über das Meer (z. B. maritime Polarluft), ist sie feucht, führt er über das Land (z. B. kontinentale Tropikluft), ist sie trocken. Die meisten Wettererscheinungen entstehen an den Grenzflächen verschiedener Luftmassen, den →Fronten.

Luftspiegelung

Bei übereinanderliegenden Luftschichten mit großen Temperaturunterschieden werden sehr flach einfallende Lichtstrahlen an der Grenzfläche zwischen den Luftschichten gespiegelt. Z. B. spiegelt sich der Himmel an der heißen Luft über der erhitzten Straße, so daß der Eindruck von entfernten Wasserpfützen entsteht. Bei Spiegelungen an welligen Flächen oder mehreren Grenzflächen entsteht die Fata Morgana.

Luftverschmutzung

Durch die Zivilisation verursachte Anreicherung der Luft mit Rauch, Ruß, Verbrennungsgasen, Abgasen, Wärme, Wasserdampf und Staub. Ein Teil der Schmutzstoffe wird mit dem Niederschlag ausgewaschen (z. B. →saurer Regen) und verschmutzt Boden, Gewässer und Ozeane. Mit der Luft vermischte Gase und schwebende Teilchen schwächen das Sonnenlicht, verhindern die Ausstrahlung und verändern damit den natürlichen Strahlungshaushalt. Schwebende Teilchen dienen außerdem als →Kondensationskerne. Eine besondere Art der Luftverschmutzung ist der →Smog.

Luv

Die dem Wind zugewandte Seite. Gegenteil: Lee.

M

Mallungen

→Kalmen.

Mamertus

11. Mai, einer der →Eisheiligen.

Meteorograph

Gerät zum gleichzeitigen Registrieren von Temperatur (oben), Feuchtigkeit (Mitte) und Luftdruck (unten).

Meteorograph

Meteorologie

Lehre vom Wettergeschehen und den Vorgängen in der Atmosphäre. Sie ist ein Teil der Geowissenschaften.

Meteorologisches Jahrbuch

Jährlich erscheinende Zusammenstellung der meteorologischen Beobachtungen von ausgewählten Stationen eines Landes.

Meteorologische Navigation

Absetzen des Kurses aufgrund der kurz- und mittelfristigen Wettervorhersage, um Gebiete mit schwerem Wetter und hohem Seegang zu umfahren (→Routenberatung).

METEOSAT

Meteorologischer Satellit. „Steht“ (wegen seiner Umlaufzeit von 24 h) in 36 000 km Höhe über dem Golf von Guinea über dem Äquator. Aufgaben sind das halbstündige Herstellen und Zurerdefunken von Bildern der Erde mit der Atmosphäre im sichtbaren,

Bild der Erde, im sichtbaren Licht von METEOSAT aus 36000 km Höhe fotografiert.
Schwarz: Ozeane, grau: Kontinente, weiß: Wolken.
Europa, Nord- und Südafrika, Südamerika sind wolkenlos

ultravioletten und infraroten Bereich des Lichts für die Darstellung von Wolkenfeldern, Wasserdampfverbreitung und Temperaturverteilung in der Atmosphäre. Die überarbeiteten Bilder im sichtbaren Licht dienen als Vorlage für das Satellitenbild bei der Fernsehwettervorhersage. Außerdem ist er Relaisstation für die Meldungen der automatischen meteorologischen und ozeanographischen Bojen.

Millibar

In der Meteorologie bis Ende 1983 benutzte Einheit für den Luftdruck. 1 mbar = 0,001 bar = 100 Pascal. Als Druckeinheit nicht mehr erlaubt ist die Höhe einer Quecksilbersäule, die dem Luftdruck das Gleichgewicht hält. Umrechnung: 3 mm Quecksilbersäule (Torr) = 4 mbar.

Mittelhohe Wolken

Wolken in Höhen zwischen 2 und 6 km. Wolkenarten: Altocumulus und Altostratus.

Mondeinfluß auf das Wetter

Ein Einfluß des Mondes auf das Wetter konnte bisher nicht zweifelsfrei nachgewiesen werden. Der Einfluß der Mondgezeiten auf das Wetter ist wesentlich kleiner als die Wetterveränderungen innerhalb eines Tages. Auch die Mondphasen bewirken keinen Wetterwechsel, ebenso beeinflussen die Planeten das Wetter nicht.

Monsun

Windsystem, vor allem über dem Indischen Ozean. Durch die jahreszeitlich unterschiedliche Erwärmung von Land und Meer wird eine Zirkulation ähnlich dem täglichen →Land- und Seewind erzeugt: Winterliches Hoch über dem asiatischen Kontinent erzeugt trockenen NO-Wind, sommerliches Tief über Nordindien feuchten SW-Wind mit großen Niederschlägen.

Morgenrot

→Abendrot.

N

Nebel

Auf dem Erdboden aufliegende →Wolken mit einer Sichtweite unter 1 km. Er entsteht durch →Kondensation des in der Luft enthaltenen Wasserdampfs.

Niederschlag

Feste oder flüssige Teilchen, die aus größerer Höhe, meist aus Wolken herabfallen. Man unterscheidet: Sprühregen (Nieseln), Regen, Grieseln, Graupeln und Hagel aus Wolken sowie Eisnadeln, die auch aus unbewölktem Himmel fallen können. Auf der gesamten Erde fallen im Jahr $4{,}06 \times 10^{14}$ t (406 Billionen Tonnen) Niederschlag. Das ist eine Niederschlagshöhe von über 800 mm, entsprechend mehr als 800 l/m^2. Die Niederschlagsmenge wird als dessen Höhe auf einer ebenen Fläche gemessen und in mm angegeben. 1 mm Niederschlagshöhe entspricht 1 l Niederschlag pro m^2.

Nieseln

→Sprühregen.

Nimbostratus

Tiefe Schichtwolke, Regenwolke.

O

Okklusion

→Front.

Optische Erscheinungen

Farbige Erscheinungen in der Atmosphäre, die durch →Beugung, →Brechung, →Streuung und Reflexion entstehen.

Orkan

Wind mit der Stärke 12 Beaufort.

Ozon

Art des Sauerstoffs mit drei statt zwei Atomen Sauerstoff je Molekül. Das Ozon ist ein Bestandteil der Atmosphäre. Am Erdboden beträgt sein Anteil 0,000 002 %, in der „Ozonschicht" in 25 bis 40 km Höhe etwa fünfmal so viel. Hier entsteht es durch die UV-Strahlung, die dabei zum größten Teil vernichtet wird. Es wird vermutet, daß das Treibgas aus Spraydosen die Ozonschicht zerstört. Ozon ist giftig. Die „ozonreiche Waldluft" ist ozonfrei.

P

Pankratius

12. Mai, einer der →Eisheiligen.

Passat

Teil des →planetarischen Windsystems. Ständiger Wind im Atlantik und Pazifik vom hohen Druck in den Subtropen (Roßbreitenhoch) zum tiefen Druck in Äquatornähe (→Kalmen). Wegen der Drehung der Erde wird der Wind auf der Nordhalbkugel nach rechts, auf der Südhalbkugel nach links abgelenkt. So entsteht auf der Nordhalbkugel der Nordostpassat, auf der Südhalbkugel der Südostpassat.

Phänologie

Lehre vom Eintreten bestimmter Entwicklungsstufen der Pflanzen im Jahresverlauf.

Pilotballon

Freifliegender Ballon. Durch Radarverfolgung oder Doppelwinkelanschnitt wird der Wind in den unteren 2000 m Höhe bestimmt.

Planetarisches Windsystem

Großräumiges System der Luftbewegung auf der Erde. In den →Kalmen steigt die Luft auf und saugt von den →Roßbreiten her Luft nach (→Passate). Polwärts der Roßbreiten schließt si^h die Westwindzone an, die bis zur Tiefdruckrinne in höheren gemäßigten Breiten reicht. In den Polargebieten herrscht bei schwachem Hochdruck Ostwind vor. Durch die Verteilung von Kontinenten und Ozeanen und deren unterschiedliche Erwärmung wird das System gestört.

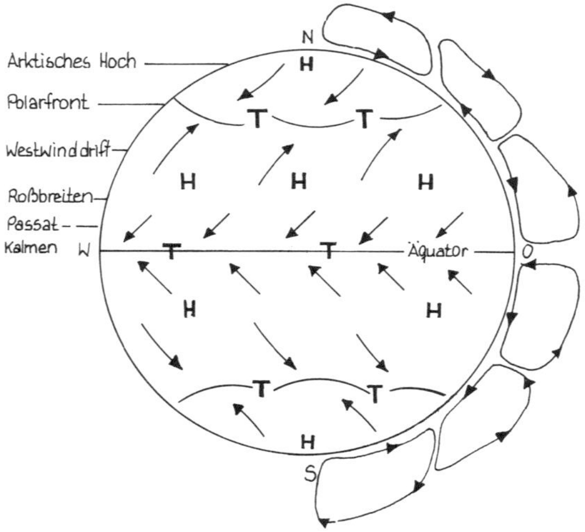

Planetarisches Windsystem

Platzregen
Starker schauerartiger Regen mit großen Tropfen, der mehrere Minuten andauert.

Polarfront
Grenze zwischen Polarluft und Subtropikluft. Sie trägt zur Entstehung von Tiefdruckgebieten bei und bildet die Warm- und die Kaltfront.

R

Radiosonde
Hauptmeßgerät in der →Aerologie, das an einem mit Wasserstoff gefüllten Ballon in die Höhe getragen wird. Die Meßwerte für Temperatur, Luftdruck und Feuchtigkeit werden automatisch zum Boden gefunkt und dort registriert.

Randtief
Gebiet mit niedrigem Luftdruck am Rand eines größeren Tiefs. Die Wettererscheinungen ähneln denen eines Tiefs.

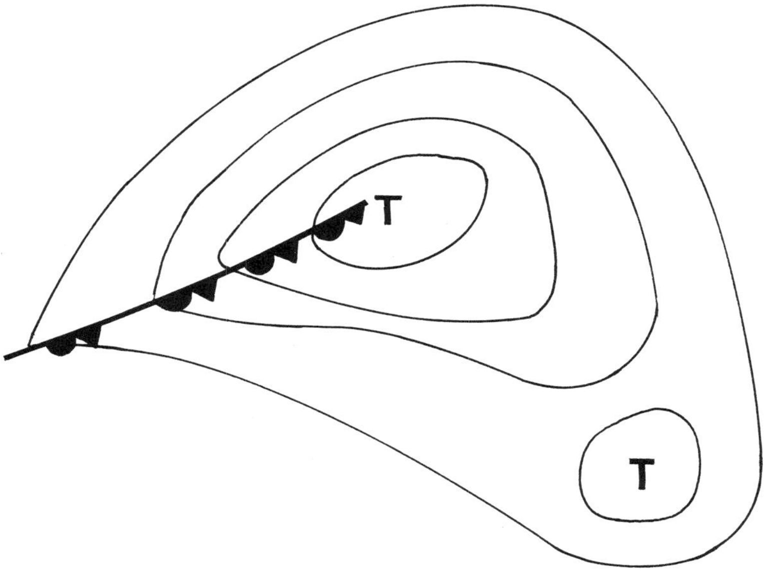

Randtief in der Nähe eines großen Tiefs

Rauhreif

Reifähnliche lockere Ablagerungen von unterkühlten Nebeltröpfchen an der Windseite von festen Gegenständen.

Rechtdrehen des Windes

Änderung der Windrichtung im Uhrzeigersinn von Nord über Ost – Süd – West nach Nord. Die Rechtdrehung erfolgt, wenn ein Tief nördlich des Beobachters vorbeizieht. Gegenrichtung: →Rückdrehen.

Reflexionsvermögen

Rückstrahlvermögen (Albedo) eines Körpers. Es gibt das Verhältnis der reflektierten zur einfallenden Strahlung an. Einige Albedowerte für sichtbares Licht:

frischer Schnee	80–85 %	
Wald	5–18 %	
Rasen	etwa 25 %	
Erdboden	10–20 %	
Wolken zwischen 1000 m und 3000 m Höhe	etwa 70 %	
Planet Erde	etwa 30 %	
Mond	etwa 10 %	
Nord- und Ostsee	unter 10 %	bei einem Sonnenstand über 25°.

Für die Wärmestrahlung ist die Albedo frischen Schnees sehr gering, der Schnee ist für Wärmestrahlen „schwarz“.

Regen

Schnelles Fallen von Wassertropfen mit einem Durchmesser von mehr als 0,5 mm. Erst bei stärkerem Wind fallen die Tropfen schräg. Fallgeschwindigkeit:

Tropfendurchmesser in mm	0,1	0,5	1,0	2,0	3,0	4,4
Fallgeschwindigkeit in m/s	0,26	1,8	4,2	5,8	6,9	8,0

Regenbogen

Bekannteste optische Erscheinung. Farbiger Kreisbogen vor einer Regenwand (Wasserfall, Springbrunnen) mit dem Gegenpunkt der Sonne als Mittelpunkt. Er enthält die Spektralfarben (Regenbogenfarben) von violett (innen) bis rot (außen). Ein oft auftretender Nebenregenbogen hat die umgekehrte Farbfolge. Sekundäre Regenbögen können sich an die violette Seite anschließen. Der rote Ring des Hauptregenbogens bildet mit den einfallenden Strahlen einen Winkel von 42°, der des Nebenregenbogens einen von 50°. Der

Regenbogen entsteht durch Brechung des Lichts beim Eintritt in die Regentropfen, ein- oder mehrmalige Reflexion im Tropfen und erneute Brechung beim Austritt.

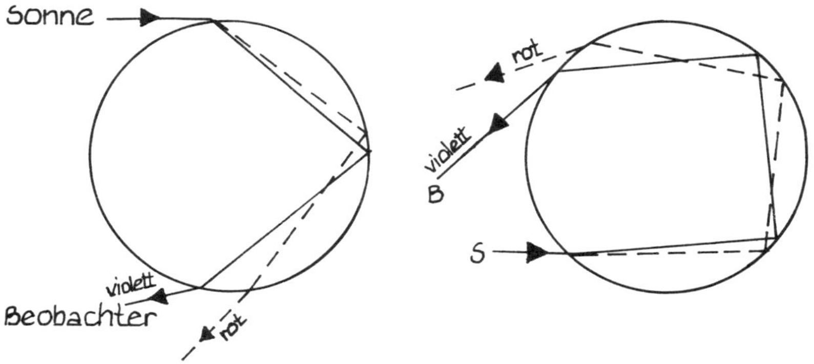

Regenbogen: Beispiele für den Weg der Lichtstrahlen durch Wolkentröpfchen. Der violette Teil des Lichts wird beim Ein- und Austritt stärker gebrochen als der rote, so daß die farbigen Bogen entstehen

Regenmesser

Gerät zum Messen des Regens. Der durch eine kreisförmige Fläche von 200 cm^2 fallende Regen wird aufgefangen und dessen Menge gemessen. Beim schreibenden Regenmesser wird von einem Schwimmer im Auffanggefäß ein Schreibarm bewegt, der die Niederschlagshöhe auf einem Papierstreifen registriert.

Reif

Eiskristalle, die wie →Tau durch Kondensation des Wasserdampfes entstehen, jedoch bei Temperaturen unter 0° C.

Relative Feuchtigkeit

→Feuchtigkeit.

Roßbreiten

Gebiet zwischen den Passaten und der gemäßigten Zone in etwa 25 bis 35° Breite (Subtropen) mit hohem Luftdruck (Subtropenhoch) und schwachen Winden. Der Name kommt daher, daß bei Tiertransporten mit Segelschiffen hier viele tote Pferde über Bord geworfen werden mußten.

Routenberatung

Dienst des →Seewetteramts für die Seeschiffahrt zur Erzielung von möglichst ruhigen und schnellen Schiffsreisen von Europa nach Nordamerika.

Rückdrehen des Windes
Änderung der Windrichtung entgegen dem Uhrzeigersinn von Nord über West – Süd – Ost nach Nord. Die Rückdrehung erfolgt, wenn ein Tief südlich des Beobachters vorbeizieht. Gegenrichtung: →Rechtdrehen.

Rückseite
Gebiet hinter einem ziehenden Tief. Hier steigt der Luftdruck und die Temperatur sinkt, die Bewölkung reißt auf und der Wind nimmt bei Drehung auf West bis Nordwest zu. Es tritt das sogenannte →Rückseitenwetter auf.

Rückseitenwetter
Kühles Schauerwetter in der Kaltluft auf der Rückseite eines Tiefs. Im Volksmund als →Aprilwetter bekannt.

S

Saurer Regen
Regen, mit dem Schwefeldioxid, das in Industriegebieten, aus Ölheizungen und aus Autos in die Atmosphäre gelangt, ausgewaschen wird. Der Säuregehalt kann den von Zitronen erreichen (→Luftverschmutzung).

Schäfchenwolke
→Altocumulus.

Schafkälte
Kälterückfall zwischen dem 10. und 20. Juni, der in Mitteleuropa ziemlich regelmäßig auftritt. Er entsteht durch die Umstellung des vorherrschenden Windes auf westliche Richtungen aufgrund der Erwärmung des Festlandes. Dadurch bringt kühle und feuchte Luft vom Meer her kühles und regnerisches Wetter. Der Name kommt daher, daß in dieser Zeit die Schafe geschoren werden, die sich dann leicht erkälten und eingehen können. Die Schafkälte gehört zu den →Singularitäten.

Schichtwolke
→Stratus.

Schlacken
Norddeutsche Bezeichnung für →Schneeregen.

Schlechtwetterwolken
Wolken, die Niederschlag bringen: Nimbostratus, zerrissene Stratus- und Cumuluswolken.

Schleifzone
Front, die parallel zu den Isobaren liegt und sich deshalb nicht weiter bewegt. Häufig fallen hier andauernde und ergiebige Niederschläge (Landregen).

Schloßen
Hagelkörner.

Schnee
Fester Niederschlag. Er fällt in Form von Schneekristallen oder, wenn sich die Kristalle ineinander verhaken, als Schneeflocken bei einer Temperatur um 0° C.

Schneekristall
Sechsseitiger, verzweigter flacher Stern aus Eis in einer Vielzahl verschiedener Formen.

Schneeregen
Niederschlag, bei dem Schnee und Regen gleichzeitig fallen.

Schwacher Wind
Wind mit einer Stärke zwischen 1 und 4 Beaufort.

Schwefelregen
Regen mit gelben Körnchen, die im Sommer häufig an Pfützenrändern zu sehen sind. Es ist kein Schwefel, sondern der Blütenstaub von Windblütlern, besonders Nadelbäumen.

Schwüle
Feuchte Wärme, die vom Körper als unangenehm empfunden wird, weil er sich nicht mehr durch Verdunstung an die Lufttemperatur anpassen kann.

Seebär
Kurzzeitige plötzliche Erhöhung des Wasserstands an der Nord- und

Ostsee, verursacht durch Luftdruckänderungen oder auch Starkwindfelder.

Seegang

Zustand der bewegten Wasseroberfläche durch →Windsee und →Dünung. Die Stärke des Seegangs wird in einer zehnteiligen Skala, ähnlich der Beaufortskala, für die Windstärke angegeben.

Seegangsstufe	Bezeichnung des Seegangs	Auswirkung	Wellenhöhe in m
0	Vollkommen glatte See	Spiegelglatte See	0
1	Ruhige, gekräuselte See	Kleine schuppenförmig aussehende Kräuselwellen, keine Schaumkämme	0–0,5
2	Schwach bewegte See	Wellen noch kurz, aber ausgeprägter. Kämme sehen glasig aus und brechen sich nicht. Vereinzelt weiße Schaumköpfe	0,5–0,75
3	Leicht bewegte See	Wellen noch klein, werden aber länger. Ziemlich verbreitet treten weiße Schaumköpfe auf. Die sich brechende See rauscht	0,75–1,25
4	Mäßig bewegte See	Wellen länger, ausgeprägter. Überall weiße Schaumköpfe. Vereinzelt schon Gischt. Brechen der See hört sich wie Murmeln an	1,25–2
5	Grobe See	Größere Wellen. Kämme brechen sich und hinterlassen größere weiße Schaumflächen. Dumpfes, rollendes Geräusch der sich brechenden See	2–3,5
6	Sehr grobe See	See türmt sich. Der beim Brechen entstehende weiße Schaum beginnt sich in Streifen in die Windrichtung zu legen. Das Geräusch der sich brechenden See in größerer Entfernung hörbar	3,5–6
7	Hohe See	Mäßig hohe Wellenberge mit Kämmen von beträchtlicher Länge. Von den Kanten der Kämme beginnt Gischt abzuwehen. Der Schaum legt sich in ausgeprägten Streifen in die Windrichtung	6 und mehr
8	Sehr hohe See	Hohe Wellenberge mit langen, überbrechenden Kämmen. See weiß durch Schaum. Schweres, stoßartiges Rollen der See. Sicht durch Gischt stark beeinträchtigt	
9	Außergewöhnlich schwere See	Außergewöhnlich hohe Wellenberge. See völlig weiß. Luft mit Schaum und Gischt angefüllt. Jede Fernsicht hört auf	

Seeklima, Landklima
Gebiete mit Seeklima weisen geringe Temperaturschwankungen im Laufe des Jahres und des Tages bei größerer Luftfeuchtigkeit und häufigen Niederschlägen auf; Beispiel: Helgoland. Beim Landklima herrschen dagegen größere Temperaturänderungen bei geringerer Luftfeuchtigkeit vor; Beispiel: München.

Seerauch
Nebel, der in kalter Luft entsteht, wenn diese über warmes Wasser streicht.

Seewetteramt
Wetteramt in Hamburg des →Deutschen Wetterdienstes, das u. a. für die Vorhersage des Wetters in den deutschen Seegebieten und auf dem Nordatlantik, hier besonders in den Fanggründen der Fischerei, zuständig ist.

Seewind
→Land- und Seewind.

Seiches
Stehende Schwingungen in großen Seen und abgeschlossenen Meeren. Entstehen durch Höhenänderungen des Wasserspiegels an einer Seite des Sees durch Luftdruckänderung oder Wind. Das Ergebnis ist ein „Hin- und Herschwappen" des Wassers (in der Badewanne leicht nachzumachen). Die Schwingungsdauer in der Ostsee beträgt 27,6 Stunden.

Sektor eines Tiefs
Warmer und kalter Sektor eines Tiefs sind die Gebiete mit Warm- und Kaltluft.

Servatius
13. Mai, einer der →Eisheiligen.

Sicht
Möglichkeit, Gegenstände in bestimmter Entfernung zu sehen. Die Sichtweite wird durch die Trübung der Luft herabgesetzt.

Siebenschläfer
27. Juni, ein →Lostag. Es soll sieben Wochen regnen, wenn es am Siebenschläfer regnet. Diese Voraussage ist – wörtlich genommen –

Klimawerte für See und Land

Einige Klimawerte

Die Tabellen enthalten die Monatsmittelwerte und den Jahresmittelwert von

Temperatur in °C
Niederschlagssumme in mm (=l/m²)
Anzahl der Tage, an denen mindestens 1 mm Niederschlag fällt
Sonnenscheindauer in Stunden

Helgoland

	J	F	M	A	M	J	J	A	S	O	N	D	Jahr
Temperatur	2,2	1,7	2,9	6,2	10,3	13,8	16,3	17,0	15,7	11,2	7,4	4,7	9,1
Niederschl.	55	43	35	39	42	44	81	90	76	83	63	55	706
Tage m. N.	11	9	10	9	8	8	9	13	11	13	13	13	127
Sonnensch.	50	67	96	197	245	247	230	195	165	102	47	36	1677

München

	J	F	M	A	M	J	J	A	S	O	N	D	Jahr
Temperatur	-2,1	-0,9	3,3	8,0	12,5	15,8	17,5	16,6	13,4	7,9	3,0	-0,7	7,9
Niederschl.	56	51	48	61	106	124	141	99	86	64	54	45	935
Tage m. N.	11	10	9	10	12	14	13	12	10	9	9	10	129
Sonnensch.	56	82	120	161	187	225	240	206	180	138	57	38	1690

falsch. Tatsache ist, daß sich die sommerliche großräumige Zirkulation über Mitteleuropa in der zweiten Junihälfte einstellt und daß man aus der Witterung Ende Juni häufig darauf schließen kann, ob in den kommenden Wochen überwiegend naßkaltes Wetter mit westlichen Winden durch verstärkte Tiefdrucktätigkeit über Mitteleuropa, oder aber häufiger Hochdruckwetter vorherrscht bei Tiefdrucktätigkeit über Skandinavien. Der Name kommt daher, daß sieben junge Männer sich im Jahre 251 in einer Höhle versteckten, um der Christenverfolgung zu entgehen, und erst 446 nach Öffnung der Höhle wieder erwacht sein sollen.

Singularität

Bindung bestimmter Wettererscheinungen an den Kalender. Am bekanntesten sind die →Eisheiligen, →Schafkälte, →Altweibersommer und das →Weihnachtstauwetter.

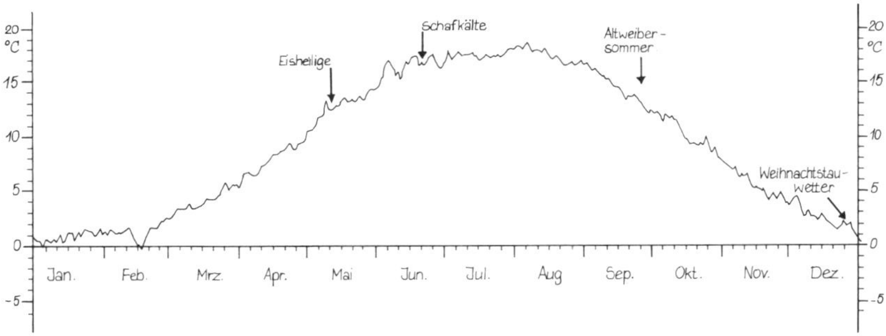

Singularitäten, wie sie im langjährigen mittleren Temperaturverlauf von Hamburg zu erkennen sind

Smog

Verschmutzung der Luft durch Rauch bei Nebel. Der Name ist zusammengesetzt aus den englischen Wörtern smoke (= Rauch) und fog (= Nebel). Smog tritt besonders im Herbst und Winter bei windschwachen und austauscharmen Wetterlagen mit einer →Inversion auf, wenn die am Boden liegende Luft nicht ersetzt werden kann.

Solarkonstante

Die Leistung der von der Sonne kommenden Strahlung an der gedachten Außenfläche der Atmosphäre. Der Betrag ist 1370 Watt pro m^2.

Sommer
Jahreszeit zwischen Frühling und Herbst. Astronomisch auf der Nordhalbkugel die Zeit, in der die Sonne von ihrem höchsten Stand (am 22. 6.) zum Himmelsäquator (am 23. 9.) wandert, meteorologisch die Monate Juni bis August, in der Natur die Zeit von der Holunderblüte bis zur Reife der Roßkastanie.

Sonnenscheindauer
Zeit, in der die Sonne scheint, also nicht von Wolken verdeckt ist. Sie hängt von der geographischen Lage, der Jahreszeit und natürlich auch vom Wetter ab. Die tägliche Sonnenscheindauer wird auf einem Papierstreifen registriert, in den die wandernde Sonne durch eine Glaskugel hindurch eine Linie gebrannt hat.

Sonnenscheinschreiber

Sophia, kalte Sohie
15. Mai, eine der →Eisheiligen.

Spitzenentladung
Stille Entladung von Elektrizität an hohen Spitzen. Beispiel: →Elmsfeuer.

Sprühregen
Langsames Fallen von kleinsten Wassertröpfchen mit einem Durchmesser unter 0,5 mm. Schon von leichtem Wind werden die Tröpfchen vertrieben. Auch Nieseln oder Nieselregen genannt.

Steifer Wind, steife Brise
Wind mit einer Stärke von 7 Beaufort.

Stille
Windstärke 0 Beaufort, Geschwindigkeit unter 0,3 m/s.

Störung

Fronten und Okklusionen in einem Tief, aber auch Hoch und Tief selbst. Ein Tief beginnt seine Entwicklung häufig mit einer Störung der Polarfront (→Wellenstörung).

Strahlungsfrost

→Frost, der durch →Ausstrahlung des Erdbodens und die damit verbundene Abkühlung entsteht.

Strahlungshaushalt

Der Planet Erde strahlt im Mittel die Energie, die er als kurzwellige Sonnenstrahlung absorbiert hat, als langwellige Strahlung wieder aus. Der Strahlungshaushalt ist also ausgeglichen. Wäre er das nicht, würde sich die Erde erwärmen oder abkühlen, je nachdem, welche Strahlung überwiegt. Den Verbleib der Strahlungsenergie zeigt das Diagramm Energiehaushalt.

Strahlungsnebel

Nebel, der über Unterlagen entsteht, die durch →Ausstrahlung stark abgekühlt sind. Beispiel: →Bodennebel.

Stratocumulus

Niedrige, strukturierte Schichtwolke.

Stratopause

Obere Grenze der →Stratosphäre in etwa 80 km Höhe.

Stratosphäre

Schicht der Atmosphäre oberhalb der →Troposphäre zwischen etwa 12 und 80 km Höhe fast ohne Feuchtigkeit und mit der Höhe annähernd konstanter Temperatur. Oberhalb der Stratosphäre liegt die →Ionosphäre.

Stratus

Ungegliederte Schichtwolke, die einen großen Teil des Himmels bedeckt. Sie entsteht durch →Aufgleiten oder bildet sich an einer →Inversion.

Streuung

Richtungsablenkung einer Strahlung beim Durchgang durch ein Medium. Kurzwellige Strahlung wird stärker gestreut als langwellige (→Himmelsblau).

Sturm
Wind der Stärke 9, 10 (schwerer Sturm) oder 11 Beaufort (orkanartiger Sturm).

Sturmflut
Erhöhung des Wasserstandes durch →Windstau, Luftdruck und Fernwellen um mehr als 1 m über den mittleren Wasserstand oder mittleres Hochwasser. Man unterscheidet:

1,00 m–1,50 m	leichte Sturmflut
1,50 m–2,00 m	Sturmflut
2,00 m–3,00 m	schwere Sturmflut
über 3,00 m	sehr schwere Sturmflut.

Bei der Sturmflut am 3. Januar 1976 wurden folgende Wasserstandserhöhungen in Meter über mittlerem Hochwasser gemessen: Borkum 2,30, Norderney 2,77, Emden 2,96, Wilhelmshaven 3,10, Bremerhaven 3,50, Bremen 3,07, Helgoland 2,62, Cuxhaven 3,69, Hamburg 4,63, Büsum 3,65 und Husum 4,14.

Sturmwarnung
Warnungen vor Wind mit Stärken 6 Beaufort und mehr im Küstenbereich werden vom Deutschlandfunk nach den Nachrichten zur vollen Stunde (außer um 21 Uhr) auf den Frequenzen 155, 549 und 756 kHz gesendet.

Sublimation
Entstehung von →Reif und „Verdunsten" von Schnee bei Frost.

Subtropen
→Roßbreiten.

Subtropenhoch
→Roßbreiten.

Synoptik
Überblick. In der Meteorologie wird der Ausdruck Synoptik für das Arbeiten mit meteorologischen Daten benutzt, die in einem großen Gebiet zur gleichen Zeit gemessen wurden. Jede →Wetterkarte ist eine synoptische Karte.

Szintillieren der Sterne
Flackern der Sterne, verursacht durch die →Turbulenz der Atmosphäre.

Tag- und Nachtwind
Teil einer örtlichen Zirkulation, die ähnlich wie der →Land- und →Seewind auf unterschiedlicher Erwärmung und Abkühlung des Bodens in der Umgebung beruht.

Taifun
→Tropischer Wirbelsturm im Pazifik.

Talnebel
Nebel, der nur die Täler ausfüllt.

Tau
Wassertröpfchen, die an Gras, Gebüsch und Gegenständen in Bodennähe wegen der Abkühlung in der Nacht (→Ausstrahlung) durch →Kondensation des Wasserdampfes entstehen.

Taupunkt
Temperatur, bei der der in der Luft vorhandene Wasserdampf kondensieren würde. Gegenstände, die auf diese Temperatur abkühlen, beschlagen und werden naß (Fensterscheiben, Gras). In der Luft bilden sich Nebel oder Wolken.

Teiltief
Kleines Tief mit abgeschlossenem Kern, meist an der Südseite eines größeren Tiefs.

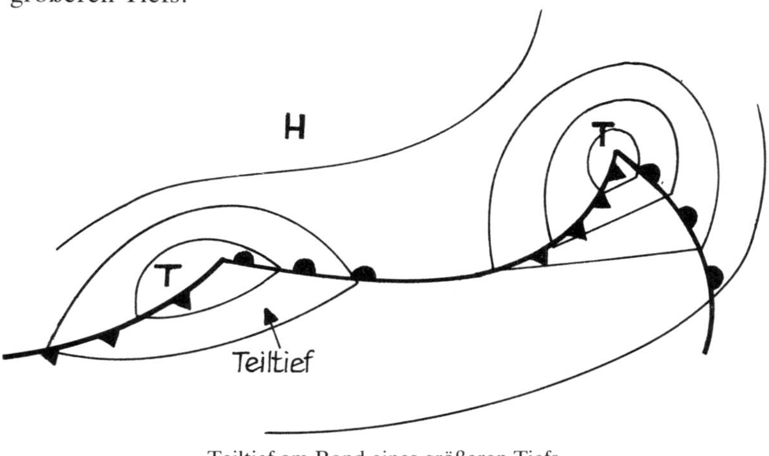

Teiltief am Rand eines größeren Tiefs

Temperatur

Von der Temperatur der Luft hängen Vereisung, Kondensation, Verdunstung, Vertikalbewegung und Wind ab. Die Lufttemperatur schwankt im Tages- und Jahresverlauf, abhängig von der geographischen Lage des Beobachtungsortes und dem Wetter. Die Jahresmitteltemperatur der Luft am Erdboden über die ganze Erde gemittelt beträgt 14° C.

Thermik

Beim Segelfliegen gebrauchter Ausdruck für das Aufsteigen erwärmter Luft vom Boden.

Thermometer

Gerät zur Messung der Temperatur. Die Meßverfahren beruhen auf der Volumenänderung bei Temperaturänderung (Flüssigkeits-, Bimetallthermometer) und auf der Änderung des elektrischen Widerstands.

Thermometerhütte

Holzkasten in etwa 2 m Höhe mit Jalousiewänden zum Hindurchstreichen der Luft. In der Hütte befinden sich Thermometer, Thermographen, Hygrometer und Hygrographen. Die Kugeln der Thermometer befinden sich genau 2 m über dem Erdboden. In der Hütte sind die Geräte vor Strahlung geschützt, so daß sie die Werte der umgebenden Luft messen.

Tiefausläufer

Zungenförmiges Gebiet mit niedrigem Luftdruck am Rand eines Tiefs.

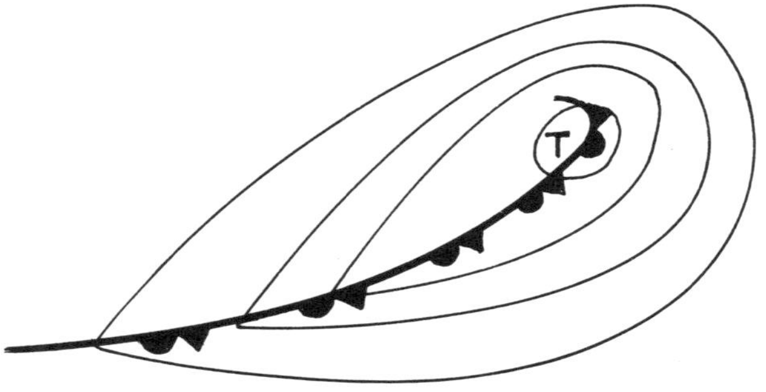

Tiefausläufer mit Okklusion

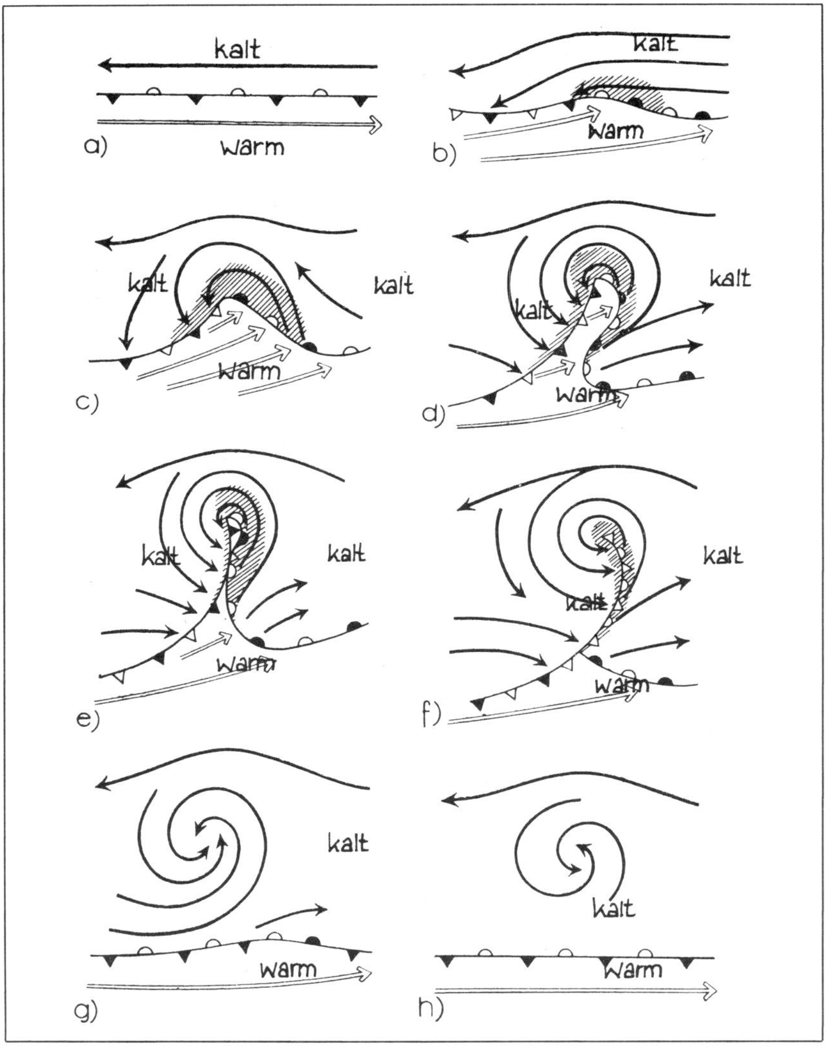

Idealisierte Lebensgeschichte eines Tiefdruckgebiets

Tiefdruckgebiet

Gebiet mit niedrigerem Luftdruck als in der Umgebung bezogen auf eine bestimmte Höhe. Am Tief treten markante Wettererscheinungen wie Wolken, Niederschläge, Schauer und Wind auf. Entstehung: Da die →Polarfront nie eine geradlinige Trennung der arktischen und der subtropischen Luftmassen ist (a), können an wellenförmigen

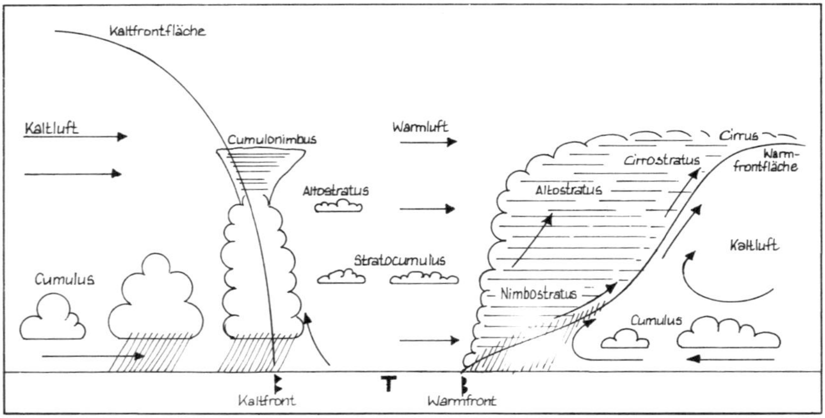

Querschnitt durch ein Tiefdruckgebiet. Aufgleiten, Aufzugsbewölkung und Regen an der Warmfrontfläche, Schauer und Gewitter in der Kaltluft an der Rückseite

Ausbuchtungen (b) die Subtropikluft nach Norden und die Polarluft nach Süden vorstoßen. Im Ostteil gleitet die warme Subtropikluft auf der vor ihr liegenden Kaltluft auf (c). An dieser Grenzfläche bildet sich, oft schon Hunderte von km vor der Warmfront, die →Aufzugsbewölkung, aus der es regnet oder schneit. An der Rückseite im Westteil schiebt sich die Kaltluft unter der Warmluft vor (c). Hier an der Kaltfront strömt die Luft kräftig aufwärts, und es entstehen Cumuli und Cumulonimben mit Schauern. Im Zentrum dieser Wellenstörung, an der Nordspitze der Warmluft, bildet sich ein Kern mit tieferem Druck als in der Umgebung (d). Diese Störung, die sich so zu einem Tiefdruckgebiet entwickelt hat, wandert annähernd in Richtung der Polarfront ostwärts. Hierbei verringert sich der Kerndruck weiter. Die Kaltluft bewegt sich schneller als die Warmluft, so daß der Warmluftsektor eingeschnürt wird (e). Die Kaltfront erreicht im Höhepunkt der Entwicklung am Boden die Warmfront, die Warmluft wird vom Boden abgehoben, das Tief okkludiert (f). Danach füllt sich das Tief auf und löst sich auf (g/h).

Tiefdruckrinne

Gebiet mit niedrigem Luftdruck, das zwischen zwei Hochdruckgebieten zwei Tiefs verbindet (siehe Zeichnung nächste Seite).

Tiefe Wolken

Wolken unterhalb 2 km Höhe. Wolkenarten: Stratocumulus, Nimbostratus.

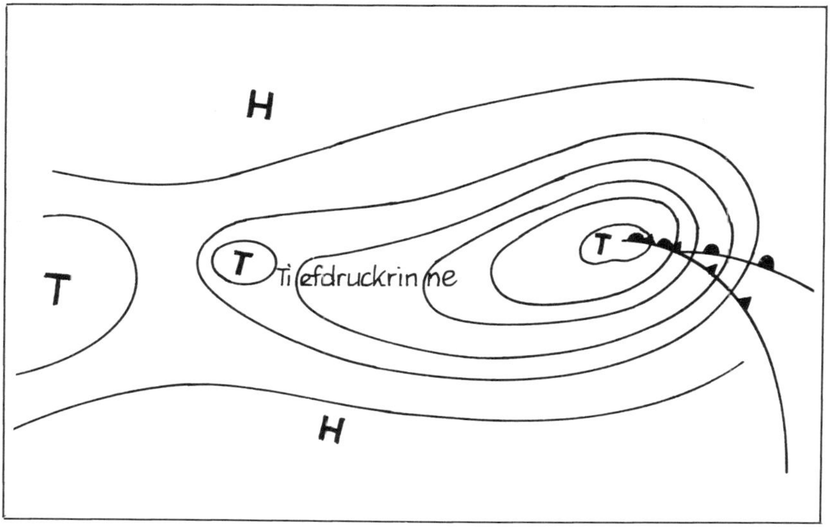

Tiefdruckrinne zwischen zwei Hochdruckgebieten

Tornado

Begrenzter Wirbelsturm mit einem Durchmesser von einigen 100 m in Nordamerika mit verheerender Wirkung. Es handelt sich um eine Windhose mit sehr hohen Windgeschwindigkeiten. In Texas wurden 1958 450 km/h geschätzt.

Trog

Langgestrecktes Gebiet mit relativ niedrigem Luftdruck. Ein Trog kann Tiefdruckgebiete enthalten. Die Wettererscheinungen sind ähnlich wie bei einem Tief: auf der Vorderseite warm, auf der Rückseite kalt mit starkem böigem Wind.

Trombe

Engbegrenzter Wirbelwind, an Land auch Windhose, auf See Wasserhose genannt. Häufig bildet sich an der Unterseite von Schauerwolken ein rotierender Schlauch, der bis auf den Boden herabreichen und dort Wasser, Staub oder Sand aufwirbeln kann.

Tropen

Eigentlich die Wendekreise selbst. Im allgemeinen Sprachgebrauch das Gebiet dazwischen, also zwischen 23° 27″ N und 23° 27″ S. Dieses Gebiet kennt keine Jahreszeiten in unserem Sinne, es wechseln jedoch im Jahresverlauf Regen- und Trockenzeiten ab.

Tropfengröße
Durchmesser der Regen- und Wolkentröpfchen. Bei Sprühregen kleiner als 0,5 mm, sonst bis 8 mm. Noch größere Tropfen zerreißen. Je größer die Tropfen sind, desto größer ist deren →Fallgeschwindigkeit. Wolkentröpfchen sind nur mehrere Tausendstel mm groß.

Tropischer Wirbelsturm
Orkanwirbel in den Tropen mit einem Durchmesser von 100 bis 2000 km und Windgeschwindigkeiten bis über 300 km/h. Diese Wirbelstürme erhalten ihre Energie nicht aus den Temperatur- und Feuchtigkeitsunterschieden verschiedener Luftmassen wie die Tiefs in den gemäßigten Breiten, sondern vom warmen Ozeanwasser. Sie entstehen in mindestens 10 Breitengraden Abstand vom Äquator im südlichen Nordatlantik, westlichen Pazifik und im Indischen Ozean. Namen: Hurrikan im Atlantik, Taifun im westlichen Pazifik, Zyklon und Madagaskarorkan im Indischen Ozean, Cordonazo bei Mexiko und Willy-Willy in Australien.

Tropopause
Grenze zwischen →Troposphäre und Stratosphäre. Höhe in den Tropen etwa 16 km, über Mitteleuropa etwa 12 km und an den Polen etwa 10 km.

Troposphäre
Untere etwa 10 bis 16 km dicke Schicht der Atmosphäre, in der das Wetter abläuft. Die Temperaturabnahme mit der Höhe beträgt 0,6 bis 1,0° C/100 m.

Trübung
Herabsetzung der Sichtweite durch feinste Staubteilchen und Wassertröpfchen.

Turbulenz
Kurzfristige und unregelmäßige Schwankungen der Windrichtung und -geschwindigkeit mit Schwankungsdauern zwischen Sekundenbruchteilen und mehreren Sekunden.

U

Umlaufende Winde
Schnelle Änderung der Windrichtung bei geringer Windstärke, meist in Hochdruckgebieten.

Unbeständiges Wetter
Häufiges schnelles Wechseln zwischen verschiedenen Wettererscheinungen, besonders zwischen Sonnenschein und Schauern.

Unsichtig
Schlechte Sicht.

Unterkühlter Regen
Regentropfen, die bei einer Lufttemperatur unter 0° C nicht gefroren sind. Er entsteht durch Tropfen, die aus höheren Schichten mit Temperaturen über 0° C durch Schichten mit Temperaturen unter 0° C fallen. Beim Auftreffen auf Gegenstände und den Boden gefriert er sofort. Bildung von Glatteis.

V

Veränderliches Wetter
Langsames Wechseln zwischen heiterem Wetter und Niederschlägen.

Verdunstung
Übergang des Wassers von der Flüssigkeit zum Dampf bei Temperaturen unter dem Siedepunkt des Wassers. Hierfür ist eine große Energiemenge nötig: Für die Verdunstung von 1 g Wasser werden 2500 Wattsekunden benötigt. Diese Energie wird beim Kondensieren wieder frei. Das verdunstete und wieder kondensierte Wasser fällt als →Niederschlag auf die Erde zurück.

Vertikalbewegung
Entsteht durch →Aufgleiten, →Turbulenz und →Konvektion.

Vorderseite
Gebiet vor einem ziehenden Tief. →Aufzugsbewölkung und Temperatur nehmen zu, und es folgt Regen.

Vorfrühling
Letzter Teil des Winters, von der Schneeglöckchenblüte bis zur Apfel- und Fliederblüte.

Vorherrschende Winde
Winde aus den Windrichtungen, die in einem bestimmten Zeitraum am häufigsten beobachtet werden.

Wärmegewitter
→Gewitter.

Warmfront
→Front.

Wasser
Es kommt in der Atmosphäre in allen drei Phasen vor: gasförmig als Wasserdampf, flüssig als Nebel- und Wolkentröpfchen und als Regen, fest als Eis und Schnee in Wolken oder als Niederschlag in Form von Schnee, Hagel und Graupel. Das Freisetzen von Wärme beim Kondensieren und Gefrieren sowie das Binden von Wärme beim Verdunsten und Schmelzen sind wesentliche Glieder im →Energiehaushalt der Atmosphäre.

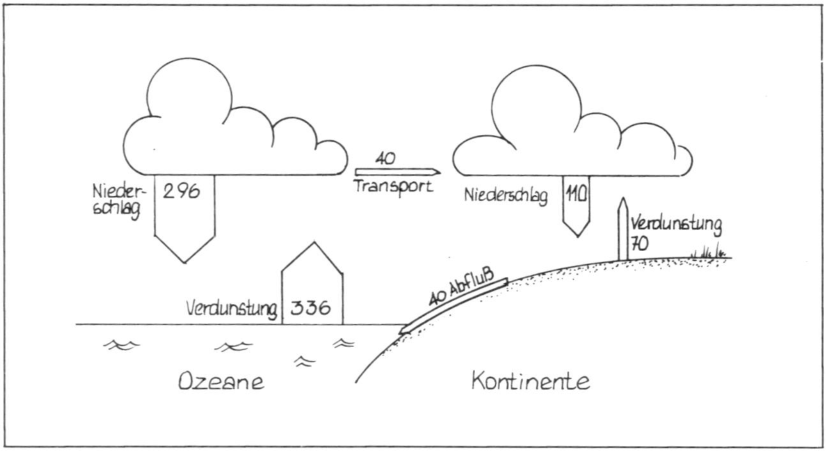

Wasserkreislauf der Erde. Einheit: Billionen Tonnen pro Jahr

Wasserdampf
Gasförmige Form des Wassers. Er bildet die→Feuchtigkeit der Luft. Wegen der hohen Verdunstungs- bzw. Kondensationswärme ist er wesentlich am Energiehaushalt der Atmosphäre beteiligt.

Wassergehalt der Wolken
Wolkentröpfchen geben nur eine geringe Wassermenge: je m^3 Wolke nur 5 bis 8 g. Dennoch: Eine Gewitterwolke von 10 km Höhe und

einer Länge und Breite von je 1 km enthält mehr als 50 000 t Wasser.

Wasserhose
→Trombe.

Wasserziehen der Sonne
Lichtstreifen der niedrigstehenden Sonne, die durch Stratocumulus in sehr feuchte Luft scheint. Häufig Vorbote von Regen.

Weihnachtstauwetter
Eindringen von warmer und feuchter Luft um die Weihnachtszeit. Es wird von Tiefdruckgebieten verursacht, die häufig in dieser Zeit Mitteleuropa erreichen. Am 24. Dezember 1977 hatte Hamburg eine Höchsttemperatur von +16° C. Das Weihnachtstauwetter gehört zu den →Singularitäten.

Wellenstörung
Wellenförmige Verbiegung einer Kaltfront, selten einer Warmfront. Art der Entstehung eines Tiefdruckgebiets.

Westwetterlage
Wetterlage mit Wind aus überwiegend westlichen Richtungen und veränderlichem, im Sommer naßkaltem, im Winter mildem Wetter.

Wetter
Zusammenfassung der Wettererscheinungen (Temperatur, Luftdruck, Wind, Wolken, Niederschlag, Sonnenschein, Luftfeuchtigkeit, Sicht u. a.) zu einem bestimmten Zeitpunkt.

Wetterbeeinflussung
Versuch, örtlich oder auch großräumig die Entwicklung des Wetters zu beeinflussen. Teilweise erfolgreich sind die Erzeugung von Regen durch Besprühen von Cumuluswolken mit Salzkristallen und das Abschwächen von tropischen Wirbelstürmen auf die gleiche Art. Nicht nachweisbar ist ein Erfolg beim Hagelschießen. Wie weit große Wasserbaumaßnahmen (z. B. Umleitung der Flüsse in Sibirien) Wetter und Klima beeinflussen, läßt sich kaum abschätzen.

Wetterberatung
Dienst der Wetterämter. Industrie, Verkehr, Freizeitunternehmen u. ä. werden individuell und gezielt über die voraussichtliche Wetterentwicklung informiert.

Wetterbericht

Schilderung der →Wetterlage und Vorhersage des Wetters für die nächsten 1 bis 2 Tage. Wetterberichte werden durch Rundfunk und Fernsehen nach den Nachrichten und durch Zeitungen verbreitet und können bei Telefonansagediensten abgefragt werden. Seewetterberichte senden

Deutschlandfunk	um 01.05, 06.40, 12.40 Uhr auf 1269 kHz 01.05 Uhr auch auf 1539 kHz
Radio Bremen	um 23.05 Uhr auf 936 kHz und auf 88,3, 89,3, 92,1 und 93,8 MHz
NDR 1	um 00.05 Uhr auf 702, 828 und 972 kHz und auf 13 UKW-Frequenzen

Wetterdienst

Behörde in fast allen Ländern mit der Aufgabe, meteorologische Beobachtungen vorzunehmen und international zur Verfügung zu stellen, das Wetter für die Bevölkerung vorherzusagen, Industrie, Schiffahrt und Luftfahrt zu beraten. In der Bundesrepublik Deutschland ist der →Deutsche Wetterdienst der nationale Wetterdienst.

Wetterfühligkeit

Beeinflussung des Befindens des Menschen durch das Wetter. Ohne ersichtlichen Grund treten Mattigkeit, Kopfschmerzen, Gereiztheit, Schmerzen an Narben oder Phantomschmerzen auf. Die Ursachen sind nicht restlos erforscht, doch ist bekannt, daß die Annäherung eines Tiefdruckgebiets und vor allem Föhn Beschwerden verursachen. Wetter macht nicht krank, es wirkt jedoch auf Schwachstellen im Körper.

Wetterkarte

Darstellung der →Wetterlage zu einem bestimmten Termin über einer geographischen Karte. Die beobachteten Wettererscheinungen werden mit besonderen Symbolen an der Beobachtungsstation dargestellt (Wetterkarte nächste Doppelseite, Symbole S. 72).

Wetterlage

Zustand der Atmosphäre zu einem bestimmten Zeitpunkt: Verteilung von Hoch- und Tiefdruckgebieten, Luftmassen, Niederschlagsgebieten und großräumiger Luftströmung.

Wetterleuchten

In der Dunkelheit zu beobachtende Blitze oder reflektiertes Licht

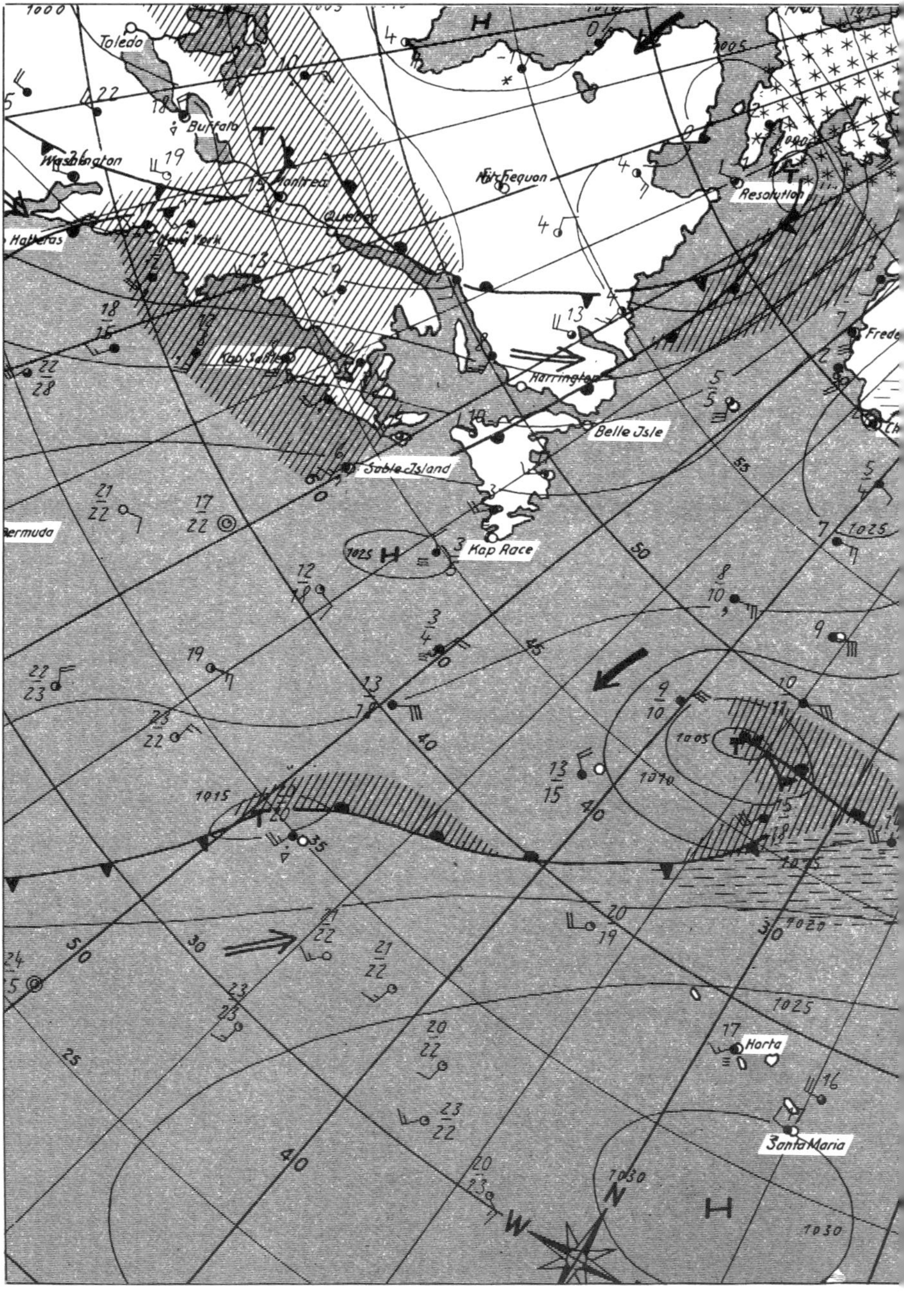

Wetterkarte des Seewetteramts vom 29. Mai 1973
Wetterlage: Hoch über Südskandinavien und über Grönland. Azorenhoch mit Keil nach Mitteleuropa. Zyklonen„familie“ (Tiefdruckgebiete in verschiedenen Entwicklungsstufen) über dem Atlantik

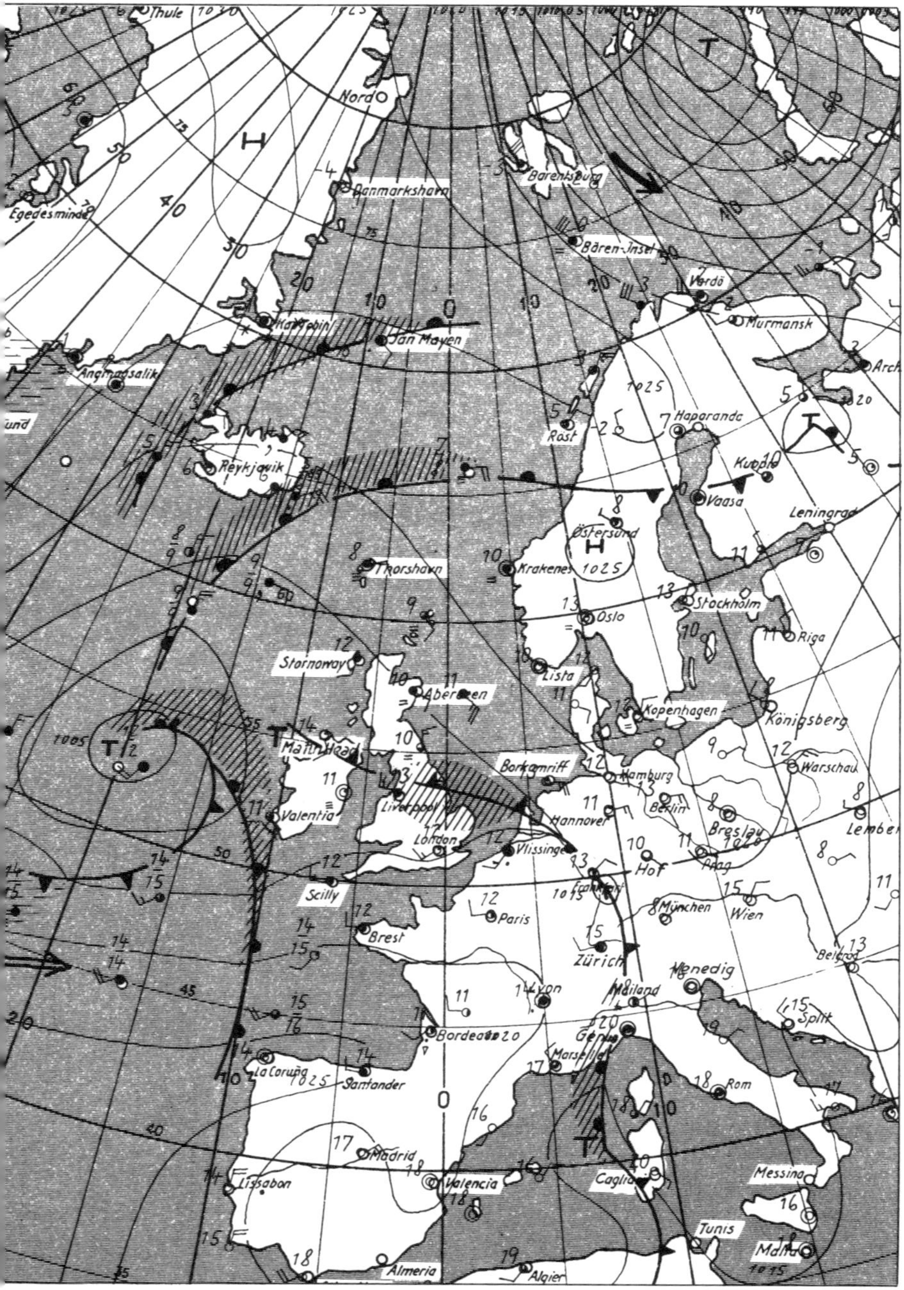

Wetterentwicklung: An der Nordseite des Azorenhochs wandern die Tiefdruckgebiete nordostwärts.

Wettervorhersage: In Norddeutschland anfangs heiter, später einzelne schauerartige Niederschläge. Temperaturen bis 20° C. Mäßige Süd- bis Südwestwinde.

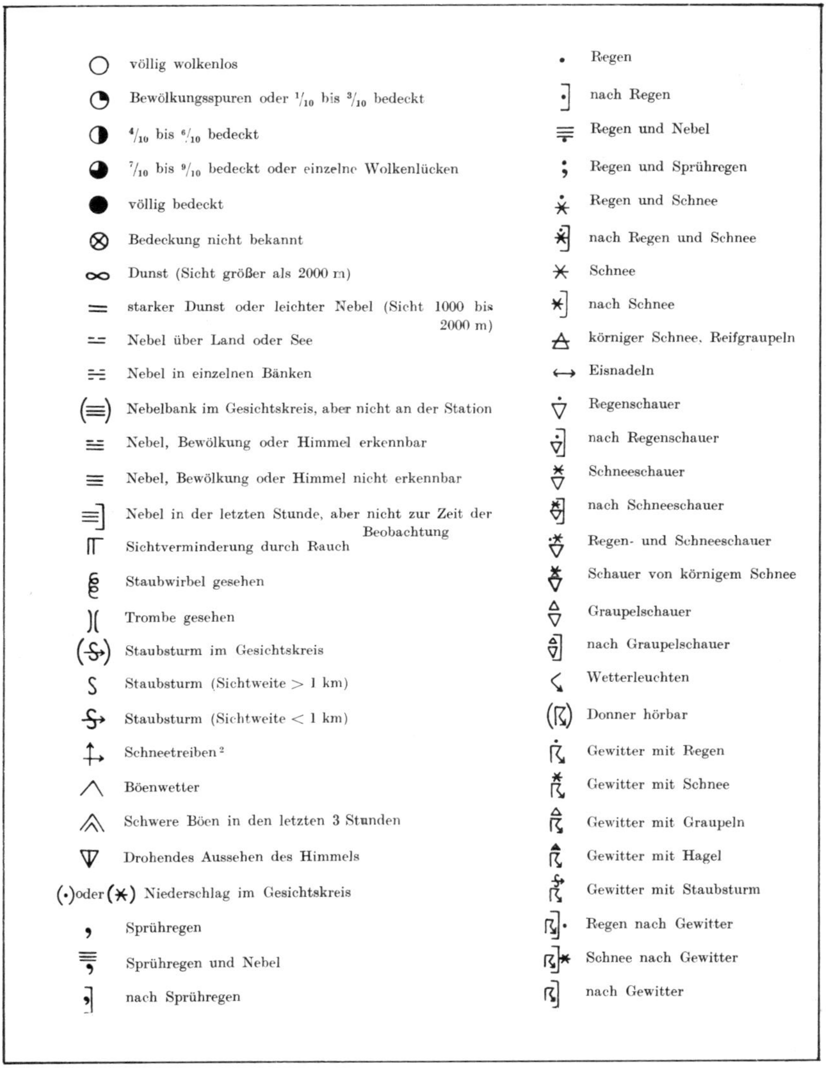

Wetterkarten-Symbole

von Blitzen, die so weit entfernt sind, daß der Donner nicht mehr hörbar ist.

Wetterregeln

Vorhersage des Wetters aufgrund von Wettererscheinungen für die nächsten Stunden oder aus Wettererscheinungen an bestimmten →Lostagen über längere Zeiträume (→Bauernregeln).

Wetterrekorde

Niederschläge:	In 8 Minuten = 126 mm, Füssen, 25. 5. 1920 9 Stunden = 1087 mm, La Réunion (Indischer Ozean), 28. 2. 1964 24 Stunden = 1870 mm, La Réunion, 15./16. 3. 1952 1 Monat = 9300 mm, Cherrapunji (Indien), Juli 1861 12 Monate = 26461 mm, Cherrapunji, August 1860–Juli 1861
Höchsttemperatur:	58° C, Azizia, Libyen, 13. 9. 1922 50° C, Sevilla, Spanien (höchster Wert in Europa) 40,2° C, Gärmersdorf bei Amberg, 27. 7. 1983 (höchster Wert in Deutschland)
Tiefsttemperatur:	−89,2° C, Wostok, Ostantarktis, 21. 7. 1983 (Kältepol der Erde) −77,8° C, Oimjakon, Nordost-Sibirien, Winter 1938 (Kältepol der Nordhalbkugel) −71,8° C, Sowjetskaja, Ostantarktis, August 1958 (tiefstes Monatsmittel der Erde) −58° C, Ostantarktis (tiefstes Jahresmittel der Erde, Pol der Unzugänglichkeit) −37,8° C, Hüll, Krs. Mainburg, Niederbayern, 12. 2. 1929 (tiefste Temperatur in Deutschland)
Windgeschwindigkeit:	450 km/h (geschätzt), Texas/USA, 1958

Wettersatellit

Künstlicher Erdsatellit mit der Aufgabe, meteorologische Beobachtungen mit Fernsehkameras und Strahlungsmeßgeräten anzustellen. Die Kameras liefern Bilder der Wolkenverteilung, die auch auf den Höhenwind schließen lassen. Die Strahlungsmeßgeräte lassen (auch nachts) die Verteilung von Wolken, Wasserdampf und Temperatur erkennen, in wolkenlosen Gebieten Ozean- und Bodentemperaturen, Schnee- und Eisverhältnisse und Luftverschmutzungen.

Wetterscheide

Grenze zwischen Gebieten mit unterschiedlichem Wetter aufgrund von Bodenformen oder Bewuchs.

Wetterschiff

Schiff auf einer festen Position im Ozean, auf dem meteorologische Beobachtungen gemacht werden. Im Nordatlantik liegen (1984) 4 Wetterschiffe, deren Einsatz international finanziert wird.

Wetterschlüssel

International vereinbarte verschlüsselte Darstellung der Wetterbeobachtungen in Zahlen. Die Daten sind so leichter und schneller im Wetterfernmeldenetz zu übertragen.

Wettervorhersage

Vorhersage der Entwicklung des Wetters auf wissenschaftlicher Grundlage. Voraussetzung ist die Analyse der herrschenden →Wetterlage aufgrund von →Wetterkarten, die das Wetter am Boden und in der Höhe (Höhenwetterkarte) zeigen. Aus den Änderungen in einem bestimmten Zeitraum kann man auf die voraussichtliche weitere Entwicklung schließen.

Die numerische Wettervorhersage geht von einem System physikalischer Gleichungen aus, die die Änderungen der physikalischen Zustandsgrößen (z. B. Temperatur, Luftdruck, Windrichtung und -geschwindigkeit) beschreiben. Hierfür werden die Beobachtungen maschinell für Gitterpunkte im Abstand von etwa 100 bis 300 km interpoliert und dann mit Hilfe der Gleichungen schrittweise vorausberechnet. Da die Atmosphäre zu kompliziert ist, um sie mit physikalischen Gleichungen exakt zu beschreiben, wozu auch viel mehr Beobachtungen nötig wären, müssen über die Atmosphäre Annahmen gemacht werden, so daß auch eine numerische Vorhersage nicht exakt sein kann. Mit den großen Rechenanlagen und neuen, verfeinerten Annahmen (Modellen) ist es aber schon möglich, Vorhersagen über einen Zeitraum von 5 Tagen mit befriedigender Genauigkeit zu berechnen.

Eine weitere Hilfe für die Vorhersagedienste sind die Wolkenfotos der →Wettersatelliten, nach denen sich Bewegungen und Entwicklungen der mit den →Fronten verbundenen Wolkenfelder sehr genau untersuchen lassen.

Wind

Horizontale Bewegung der Luft. Er entsteht zwischen zwei Punkten mit einem Luftdruckunterschied (Luftdruckgefälle, -gradient), um den Druckunterschied auszugleichen. In den bodennahen Schichten weht er aus Gebieten mit hohem Luftdruck hinaus in Gebiete niedrigeren Luftdrucks hinein. Durch Reibung am Boden und Ablenkung durch die Erddrehung entsteht zwischen Druckgefälle und Windrichtung über Land ein Winkel von 40 bis 50° und über See von 70 bis 80°. In der freien Atmosphäre (ohne Reibung) weht der Wind parallel zu den Isobaren bzw. Isohypsen.

Windgeschwindigkeit
Gegenüberstellung von Windgeschwindigkeit, Windstärke sowie Auswirkungen an Land und auf See siehe Beaufortskala.

Windhose
→Trombe.

Windmesser
Anemometer. Gebräuchlich sind Schalenkreuz-, Staurohr- und Hitzdrahtwindmesser. Das Bild zeigt einen schreibenden Schalenkreuzwindmesser mit Windfahne zur Messung der Windrichtung.

Mechanischer Windschreiber

Windrichtung
Himmelsrichtung, aus der der Wind weht.

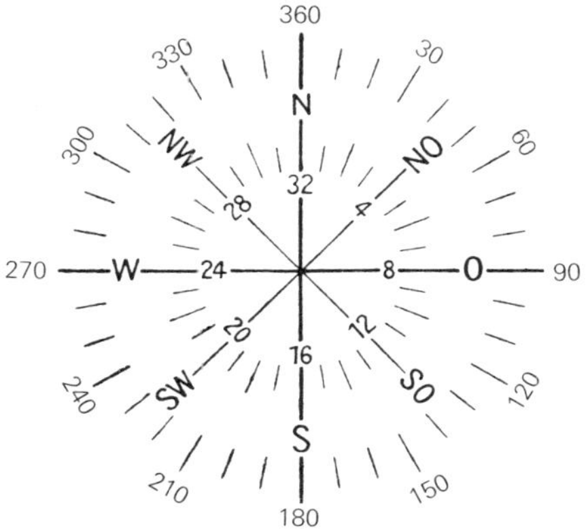

Windrichtung. Windrose mit den Einteilungen außen: Winkelgrad, Mitte: Himmelsrichtung, innen: Kompaßstrich

Windschur

Form von Bäumen und Sträuchern, deren Kronen nach Lee der vorherrschenden Windrichtung geschoren scheinen. Der Grund liegt darin, daß die Pflanzen in Leerichtung stärker wachsen als nach Luv.

Windsee

→Seegang, der durch den Wind am Beobachtungsort entsteht.

Windstärke

→Beaufortskala.

Windstau

Durch den Schub von Wind oder Sturm auf eine Wasseroberfläche bewirkte Wasserstandserhöhung.

Winter

Jahreszeit zwischen Herbst und Frühling. Astronomisch auf der Nordhalbkugel die Zeit, in der die Sonne von ihrem niedrigsten Stand (am 22. 12.) zum Himmelsäquator (am 21. 3.) aufsteigt, meteorologisch die Monate November bis Februar, in der Natur die Zeit von der Beendigung der Feldarbeiten bis zur Apfel- und Fliederblüte.

Wintergewitter

→Frontgewitter.

Wirbel

→Tiefdruckgebiet.

Witterung

Ablauf der Wettererscheinungen ohne Bezug auf eine bestimmte Zeit.

WMO

Weltorganisation für Meteorologie (World Meteorological Organization). Zwischenstaatliche Organisation der Vereinten Nationen mit der Aufgabe, die Zusammenarbeit der nationalen Wetterdienste und internationale Forschungsprogramme zu koordinieren. Sitz ist Genf.

Wolken

Oberhalb des Erdbodens schwebende kleinste Wassertröpfchen oder Eisteilchen in einer Dichte, daß sie den Himmel verdecken. Auf dem

Lockere hohe Schäfchenwolken

Boden aufliegende Wolken heißen →Nebel. Sie entstehen, wenn feuchte Luft aufsteigt und sich dabei bis zum →Taupunkt abkühlt. Wenn hier Kondensationskerne vorhanden sind, kondensiert der Wasserdampf an ihnen und bildet Tröpfchen. Der Durchmesser der Wolkentröpfchen liegt zwischen 0,001 und 0,1 mm. Man unterscheidet Schicht-(Stratus-) und Haufen-(Cumulus-)wolken und nach ihrer Höhe hohe, mittelhohe und tiefe Wolken.

Wolkenblitz
Blitz zwischen zwei verschieden geladenen Wolken oder zwischen verschiedenen Ladungen innerhalb einer Wolke.

Wolkenbruch
Niederschlag von höchstens mehreren Stunden Dauer, bei dem große Niederschlagsmengen fallen.

Z

Zentraltief
Sehr umfangreiches Tief, das stationär an seinem Ort liegt. Es nimmt kleinere Tiefdruckgebiete auf.

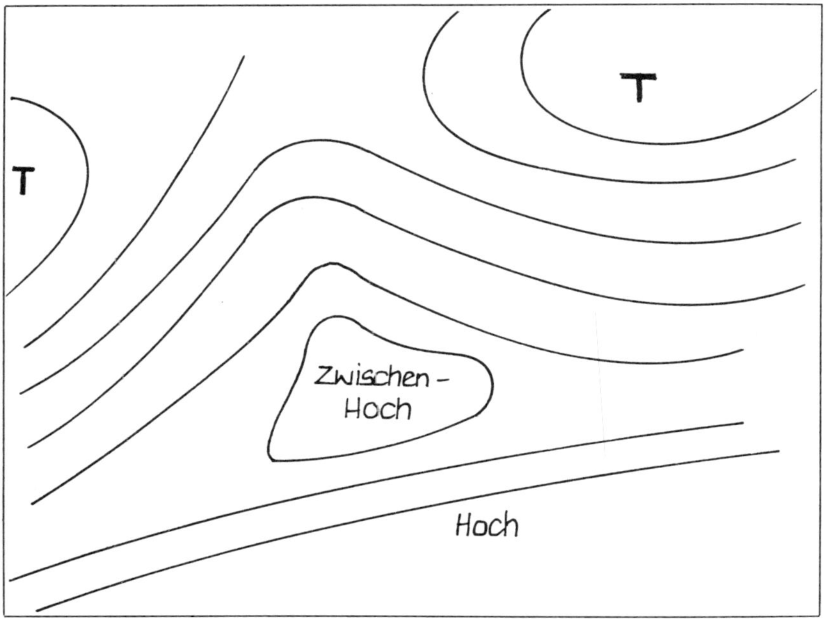

Zwischenhoch in einem Hochkeil

Zirkulation
Jedes geschlossene System eines Luftkreislaufs auf der Erde. Beispiele: →Planetarisches Windsystem, →Land- und Seewind.

Zirrus
→Cirrus.

Zug
Leichter Zug, Windstärke 1 Beaufort.

Zwischenhoch
Kleines abgeschlossenes Hoch in einem →Hochkeil zwischen zwei Tiefs. Es wandert mit den Tiefdruckgebieten und bringt deshalb nur kurze Wetterberuhigung.

Zyklone
Wissenschaftlicher Ausdruck für ein →Tiefdruckgebiet oder einen →tropischen Wirbelsturm.

Literatur

Bullrich, K.: Die farbigen Dämmerungserscheinungen. Stuttgart 1982
Dazur, W. v.: Wetterzeichen überall. München 1959
Deutscher Wetterdienst: 32 farbige Wolkenbilder. Wetterkundliche Lehrmittel Nr. 9a. Hamburg: Seewetteramt
Deutscher Wetterdienst: Kleine Wetterkunde. Wetterkundliche Lehrmittel Nr. 10. Hamburg: Seewetteramt, 1965
Faust, H.: Das große Buch vom Wetter. Düsseldorf 1968
Flohn, H.: Vom Regenmacher zum Wettersatelliten. Klima und Wetter. München 1968
Hardy, R. u. a.: Das Wetterbuch. München 1982
Heyd, W. P.: Bauernweistümer. Wetterregeln und Lostagsprüche. Memmingen 1971
Pohlmann, D.: Wetterkunde. Köln 1974
Prügel, H.: Wetterführer. Wegweiser zum Verständnis des Wetters und der Wettervorhersage. Hamburg 1982
Reuter, H.: Die Wissenschaft vom Wetter. Berlin 1968
Roth, G. D.: Wetterkunde für alle. München 1979
Schönwiese, C. D.: Klimaschwankungen. Berlin 1979
Stein, W.: Wetterkunde für Segler und Motorbootfahrer. Bielefeld 1980
Tanck, H.-J.: Meteorologie. Wetterkunde, Wetteranzeichen, Wetterbeeinflussung. Reinbek 1969
Wachter, H.: Wie entsteht das Wetter? Meteorologie für jedermann. Frankfurt/M. 1969

Bildnachweis

Farbfotos (in der Reihenfolge der Abbildungen):
Volker Bartsch, Hamburg (1, 13, 14)
Günter Heise, Hamburg (7)
Joachim Kettler, Hamburg (12)
Friedrich Krügler, Hamburg (3, 8, 10, 11)
Harald Mertes, Koblenz (4)
Heinz Teufel, Dörphof (2, 5, 6, 9)

Schwarz-Weiß-Abbildungen:
esa (european space agency), Darmstadt, S. 44
Friedrich Krügler, Hamburg, S. 17, 21, 22, 27, 77
Wilh. Lambrecht GmbH, Göttingen, S. 43, 57, 75
Richard Scherhag, Neue Methoden der Wetteranalyse und Wetterprognose, Springer-Verlag, Berlin 1948, S. 62, 72
Seewetteramt des Deutschen Wetterdienstes, Hamburg, S. 70/71
Umwelt, Zeitschrift des Vereins Deutscher Ingenieure für Immissionsschutz, Nr. 1/1982, S. 21

Sämtliche Zeichnungen: Andrea Schoormans, Hamburg

Titelfoto: ZEITmagazin/Thomas Mayer